太空投資

低軌道衛星引爆全球商機，跟緊SpaceX腳步，搶先布局下一個兆美元產業

CHAD ANDERSON
查德·安德森————著

曾琳之————譯

THE SPACE ECONOMY:
CAPITALIZE ON THE GREATEST BUSINESS OPPORTUNITY OF OUR LIFETIME

高寶書版集團

太空是所有人的。

它不僅是和少數科學或數學領域的人有關，

或是和某一群特定的太空人有關。

在那裡的，是我們的新領域，

而了解太空是每一個人的責任。

——克莉絲塔·麥克奧立夫（Christa McAuliffe），

美國教師和太空人（1948-1986）

目　錄
CONTENTS

推薦序
太空科技，將成為下個世代的基礎設施

國家太空中心 (Taiwan Space Agency, TASA) 主任

吳宗信

　　這是一份詳實的太空經濟地圖，也是認識太空商業的入門指南。

　　發射成本降低與透明化，是商業太空得以崛起的關鍵，加上新思維與政策到位，終將開啟連鎖反應，近十年帶動全球投入太空經濟。目前，商業火箭發射次數也甫創下歷史新高，在不久的未來，待「星艦」研發成功，進入軌道的成本會再大幅降低，掀起更重大的變革。

　　凡有取用軌道資源的服務，作者皆將之納入太空經濟範疇。得利於低成本進入軌道，低地軌道上活躍衛星從幾百顆增加至將近四千顆，很快會達到幾萬顆，地球觀測、地理空

間情報、衛星通訊這三大技術成為衛星產業主力，並改變了農業、風險、氣候、運輸、製造等產業的管理方式。

衛星數據應用的潛能還沒完全釋放，有為數不少的新創團隊正著手開發更多解決問題的應用。未來，進入地球軌道的權限將會更加普及，新的服務將催生新的可能性湧現，形成蓬勃循環。而太空站、月球、軌道物流與工業等尚處早期階段，但潛勢值得留意。

一般人認識太空發展，多是以大型太空任務為記憶點的編年史，側重技術演進。實際上，太空與政策方向、政治局勢密不可分。作者採訪了擘劃美國太空政策的專家，細緻描述了形成這些任務的時代背景與深層政治意圖，以及早期的商業化嘗試為何失敗，當時的經驗又如何影響今日政治與商業太空的互動思維、公私部門合作方式。

作者身為過來人，深刻理解非技術出身者接觸太空領域的徬徨。除了剖析太空經濟生態系統，介紹創業案例與挑戰，作者更分別從創業家、投資人、太空職涯探索等不同角度，分享各方從業人員的建議與經驗，強調多樣化的知識才是當今立足優勢，是非常可貴的導引資料。

　　如果想創業，如何探得市場需求、籌組團隊與資本？如果想投資太空類別，怎麼辨識噱頭與務實企圖？若想在這一行工作，可以做哪些準備、有哪些管道與資源、怎麼挑選戰鬥位置？書中列出了一份深度太空分析的推薦名單，幫助大家撥開碎片式資訊的迷霧。

　　太空科技相關服務，會成為下個世代的基礎設施。此際，坐擁眾多機會，國家太空中心也成立了產業推動相關部門，帶頭成立「台灣太空產業發展協會」（TSIDA），更發起「新創追星」計畫，希望創造太空創新技術與應用支持環境，促進台灣太空產業發展。

　　全球的太空經濟活動樣貌尚在形塑之中，遊戲規則還有許多未定之處，這些都將由現在參與其中的人共同決定。探索的路上，理路會逐漸清晰，我們會一起找出答案。

　　不論是太空愛好者、科學家、工程師、投資人、創業家、單純好奇科技趨勢，或是有志於太空職涯的專業人士，都能從這本書獲得豐富的洞見與樂趣！

前言

　　如果你正在閱讀本書，你可能隱約有一種懷疑，好像有什麼大事即將要發生了。你甚至可能已經瞥見了某個徵兆，預示這個即將發生的變化：小型的低地球軌道（low-Earth orbit，LEO）衛星在天空中俯衝而過，它們是快速成長的衛星星系的一部分，每一天都為全球經濟提供越來越大的動力。

　　我們使用「太空經濟（Space Economy）」一詞來涵蓋所有仰賴軌道衛星以實現價值的企業，例如，行星實驗室（Planet Labs🚀），這是一家每天從太空拍攝地球每一吋地面的公司，或 Pokémon GO，一款使用來自衛星的全球定位系統信號運作的熱門手機遊戲。（太空資本 [Space Capital] 之前投資過的任何公司，在本書首次出現時將以一個 🚀 標示。）

　　在所有關於 SpaceX🚀 及其反傳統的創辦人伊隆・馬斯克（Elon Musk）的媒體報導中，商業發射服務只是故事的開端而已。太空經濟不僅僅是火箭和衛星的硬體，以太空為基礎的科技，將是下一個世代的數位基礎建設，是全球最大產業

的「隱形中樞」。但是大多數人仍尚未意識到，低成本軌道取用對商業造成的影響，將會真正改變世界。全國廣播公司商業頻道（CNBC）將太空稱為「華爾街的下一個兆美元產業」。美國銀行（Bank of America）預測：「在未來十年，不斷成長的太空經濟規模將成長超過 3 倍，成為一個價值 1.4 兆美元的市場。」摩根士丹利（Morgan Stanley）則預測太空產業將創造出全球第一位萬億富翁。

人類已經在太空中活動了數十年，但由於第 1 章所述的原因，太空直到最近才成為一項投資類別。鑑於這個新生的太空商業時代只有十年的時間，其大部分的投資都仍只在非公開市場進行，但我們開始看到一些在公開市場上市的公司，是散戶投資人也可以參與投資的。如果你回想一下 1990 年末，當時只有少數公開交易的科技股，然後似乎就在一夜之間，「科技」成為一個可投資的類別，可以讓你的投資組合更多樣化。如今，「科技」這個標籤已經失去其意義，因為每一家公司都是科技公司。「太空」正與當時的「科技」處於同樣的狀況，有一天，「太空」這個作為標籤的詞彙將失去其作用，因為每家公司都會開始以某種方式依賴太空科技來創造其價值。

　　太空科技已為投資者帶來了巨額的獲利。全球定位系統（GPS）就是一項基於太空的技術，已經創造了幾兆美元的經濟價值，以及一些歷史上最大的創投成果。正如我們將在第 1 章中看到的，全球定位系統提供了一套有用的劇本，可以幫助我們了解其他基於太空的技術，如何將在整個經濟體中創造新的投資機會。其中地理空間情報（Geospatial Intelligence，GEOINT）和衛星通訊（Satellite Communications，SatCom）這兩項科技，也已在包括農業、物流、電信和金融服務等大多數的主要產業中扮演著關鍵的角色。

　　曾經有一段時間，「電子商務（e-commerce）」和「部落格（blog）」等詞彙開始定期出現在雜誌和晚間新聞節目中。當時，這些不熟悉的語言對主流媒體來說，只是等同於異想天開的好奇心，只是與青少年、科學家、怪人和電腦玩家相關的新花樣，對其他人來說只引起暫時的興趣。但是，網際網路很快就改變了一切——對於雜誌和新聞節目，以及其他所有產業來說都是如此。很少有人了解這股洶湧而來的變化影響範圍有多廣，更不用說如何利用其潛力了。而在那些成功把握這個趨勢的人之中，你知道的人也不少數，從里

德‧霍夫曼（Reid Hoffman）之於 Netflix，到傑夫‧貝佐斯（Jeff Bezos）之於 Amazon，再到伊隆‧馬斯克之於 PayPal。

看到越來越多人的興趣聚焦在太空議題以及太空活動上，很可能已經讓你腦中的警鈴大響。雖然你可能知道正在發生一些值得注意的事情，但你仍然很難看清其影響力的全貌，而本書將為你提供你所需要的視角。

假設你是一位連續創業家，或者你對於自己創業的概念感到有興趣。作為一名創辦人，如果你不把目標瞄準「登月」的遠大目標（我說的登月可不只是譬喻），為什麼還要冒著創業的風險呢？或者，至少是以這個大方向為目標？即使你已經看到在這個快速成長的市場裡面的機會，你還是會有疑問：對於湧入太空經濟的所有投資資本而言，有人會對我能提供的東西感興趣嗎？我具備必要的資格嗎？我需要航空電子學或工程學背景嗎？我需要先在美國國家航空暨太空總署（簡稱 NASA）工作嗎？我是否需要像伊隆‧馬斯克拿出他出售 PayPal 所得的收益那樣，拿出我個人的財產？

所有這些問題的答案都是肯定的「不」，但這些疑慮和其他問題，將在本書中詳細探討。

同樣的，你可能是一位投資者，對於這些新的商業和產

業的潛力感到好奇，但不確定該如何衡量它們的價值，或權衡它們的風險。這些事情有多少是「真正」在發生的，像是，有可能在未來幾年內獲利？而有哪些新的商業雖然有著科學家和創業家掛保證，仍然像是《星際爭霸戰》（*Star Trek*）的科幻故事，而不像是《60 分鐘》（60 Minutes）新聞節目的內容？過去幾年，投資者都從太空「專家」那裡聽到了很多炒作的宣傳。而本書將幫助你區分事實與科幻故事。

　　我們正處於一個反曲點（inflection point）。太空中實際發生的事情比太空狂熱分子所有那些令人呼吸急促的承諾，都更令人驚訝和超現實，而這些狂熱的發言者只不過是不斷強調著明年初在火星上就會開一家星巴克門市。50 年前，廣納全世界所有知識的全球電腦網路第一縷微光，並未引起大眾的興趣。與此同時，噴射背包卻激發了人們的驚嘆和好奇，儘管人們經常都在乘坐飛機。噴射背包真的有比全球資訊網更重要嗎？當然不是。然而，對於 1973 年的普通人來說，噴射背包這個概念顯然更容易理解。如今，太空經濟真正的潛力也是如此，它比在火星上的一杯拿鐵的概念更難掌握，但值得我們付出努力去理解。

　　要成為任何類別的成功投資者，你不僅需要了解損益等基本資訊，還需要了解你計劃分配資源的那個領域的發展情況，也就是在太空經濟領域的那些公司及其客戶，換句話說，就是市場和主要的競爭者。你可以將本書視為你的使用手冊和地圖。作為投資者和營運商，太空資本團隊將內部的科技專業、創業經驗和投資資歷獨樹一格地結合在一起。未來無法預測，但有些猜測可以比其他猜測更有根據，我將接下來的章節進行更多的說明。

　　如果你自己不是企業家或投資者，你可能是一位尋求在太空經濟中扮演某個角色的專業人士。事實上，你可能已經在與太空相關的產業工作，包括從現在的國防承包商、SpaceX 和行星實驗室等新的重量級公司，到在過去幾年才成立的眾多太空新創公司的其中一家。作為一位領導者、主管或第一線員工，你可以在這裡找到大量有價值的資訊，包括 CEO、資深太空產業的專業人士、太空政策專家、富有遠見的科技專家，以及更多人的經驗教訓和建議。本書提供的多元化觀點將讓你對太空經濟的全貌有無比的了解，並將提供給你許多行動時可參考的要點。

　　沒錯，我正在為你畫一張未來的大餅、做出承諾，就像所有那些說要在紅色的星球上預售咖啡因的人一樣。但為什麼你該相信我說的話？

　　經歷了在經濟大衰退（Great Recession）期間管理一組價值 500 億美元的房地產投資組合後，我決定尋找一個比投資銀行更偉大的目標。我想對世界造成真正且持久的影響。受到牛津大學（Oxford University）史科爾社會創業中心（Skoll Center for Social Entrepreneurship）的吸引，我前往牛津大學的賽德商學院（Saïd Business School）攻讀 MBA 學位。在那裡，我有機會向傑出的經濟社會學家馬克・文特雷斯卡（Marc Ventresca）學習。

　　文特雷斯卡是科技創新和市場形成領域的權威，他教了我所有包括汽車、個人電腦和行動電話等經由創新突破所催生的新興市場。在文特雷斯卡的課堂上，我了解了新興市場的模樣，以及它們是如何發展的。在 2012 年 5 月 24 日，就在我錄取入學牛津大學之前，SpaceX 成功利用其天龍號太空船（Dragon）將貨物運送到國際太空站（International Space

Station，ISS），這是人類史上首次的商業太空飛行。我很難想像還會有比這更幸運的契機：我可以藉此了解一個市場的形成，我可以看到一個真正的新市場誕生的最新實證。

　　經由這次成功完成國際太空站的貨運任務，SpaceX 達成了不可思議的成果，實現了在此前僅有 3 個世界超級大國完成的壯舉。接下來事情會如何發展，對我來說似乎是顯而易見的。市場競爭將提升效率並降低價格。會有越來越多的企業將能夠參與太空經濟。各種意料之外的產品和服務都會出現。財富將會被創造（和失去）。

　　當時，我確信我並非唯一看到一個市場正在形成的人，畢竟 SpaceX 也並不是秘密地在營運，且馬斯克也很樂於在社群媒體上宣揚 SpaceX 的每一個里程碑。早在 2003 年，他就宣稱太空和網際網路之間存在明確的相似之處：「我喜歡參與可以改變世界的事情。網際網路做到了，而太空則可能比其他任何事情都更能改變世界。」這位認真的科技企業家告訴大家，外太空是「未來所在」。當然，現在的馬斯克已經兌現了完成國際太空站貨運任務的承諾，世界各地的企業家和風險投資家也將爭先恐後地開始善用他們可負擔的軌道取用服務。如果我想加入的話，我就得趕快行動了。

意識到我設想的所有新的太空新創公司，都會需要創業投資（venture capital），我決定設置一個此類別的早期投資基金。然而，要在如此深奧的科技領域取得成功，只有我的金融背景還不夠。因此，我首先向太空機器人公司 Astrobotic 的 CEO 發了一封陌生的請求合作電子郵件，這是一家總部位於匹茲堡的太空機器人公司，該公司在 Google 現已取消的月球 X 大獎（Lunar XPRIZE）上有很好的表現。在我的電子郵件中，我提出無償幫助機器人公司 Astrobotic 開發其商業月球運輸服務的市場評估，他們同意了，而我在接下來的九個月裡與他們密切合作，研究圍繞著月球交通和基礎設施的新興機會。

這是我第一次在太空經濟領域工作，不僅是與 Astrobotic 團隊互動，還與該領域的其他領袖互動。令我驚訝的是，當我開始在思考市場樣貌時，我發現幾乎每個從事太空經濟領域工作的人，都是工程師或是科學家。沒有任何具備 MBA 背景的人，普通的企業家也很少。也許，這裡還是可以有我的一席之地。

我最終寫出的報告是這類的評估報告中的第一份，這讓 Astrobotic 被注意到，該公司甚至用它來向 NASA 做宣傳推銷。

（雖然月球 X 大獎競賽在 10 年後仍沒有獲獎者而落下帷幕，但 Astrobotic 繼續贏得了價值數億美元的月球商業運載服務合約，並預計於 2022 年底前，其遊隼號〔Peregrine〕登陸器將搭乘聯合發射聯盟〔United Launch Alliance〕的火神半人馬座〔Vulcan Centaur〕火箭前往月球。） 同時，我的貢獻換來的是，我對這個新的市場有了無價的了解。

在牛津大學畢業後，我發表了幾篇相關主題的學術論文。其中一篇探討了國際太空站貨運的衍生，解釋了公私夥伴關係如何讓商業太空飛行在經濟上變得可行，並論證了太空科技真正的、短期的經濟潛力。

我在論文中寫道：「天龍號太空船成功停靠太空站代表了一個歷史性的時刻，商業企業成功實現了以前只能由政府完成的任務。」我所寫的這些內容後來被廣泛引用，但對我來說，一切才剛開始。研究和應用之間是有區別的，而我不只是研究太空經濟。我還想要幫助打造太空經濟。

在 2013 年，除了 SpaceX，幾乎沒有其他的太空經濟私人活動或投資。雖然我感到急迫，但我似乎是商業和投資領域少數認為這是一個機會的人之一。（在第 6 章中，我們將回顧商業太空產業的動盪與歷史，以及之前的失敗如何導致許

多人錯過最後終於發生的大轉變。）

　　由於沒有足夠的交易流與缺乏有興趣的投資者來支持基金的成立，我協助建立了一個以英國的太空領域商業化為主的創新中心。在這個衛星應用中心（Satellite Applications Catapult），我孵化並加速了新創企業的發展，投資太空業務。在衛星應用中心工作的期間，我建立了自己的專業人脈，並在該領域累積了聲譽。在晚上——在美國東海岸仍是工作的時間——我創立了「太空資本」，一個專注於太空科技領域的投資公司。由於缺乏足夠的投資資金，我利用自己的專業知識和收集到的獨特數據集，來教育和告知市場、消除迷思，並幫助投資者了解可能的發展方向。

　　到 2015 年時，我有足夠的動力來籌集種子資金了。搬到紐約後，我設立了太空資本的總部，並於當年 4 月推出了首支特殊目的機構（special purpose vehicle，SPV）基金，從幾組個人團體中籌集資金，然後首先投資在行星實驗室上。這些並不是盲池（blind pool）創業投資。這些資金是由我自己辛苦組織、一筆一筆執行而來的。我會找到某個投資機會，進行盡職調查（due diligence），然後直接將資訊帶給投資者。

　　同年 12 月，SpaceX 成功著陸並回收它們的火箭，預示了

一個具備重複使用性並進一步降低進入軌道成本的未來。這個壯舉催化了足夠的投資者產生興趣，讓我們於 2016 年推出了太空資本的首支機構創業投資基金。那時，我知道是時候該引入合作夥伴了。我需要一個具備堅實的產業經驗和科技專業知識，能夠和我的財務背景互補的人。不幸的是，我發現許多在太空和商業交會的領域工作的人都……過於熱情。或者，講白一點，他們都只是在大聲吆喝的小販。創業投資是一項仰賴聲譽的業務，我不能讓自己和賣蛇油的小販扯上關係。我需要與一位具有深厚太空背景的嚴肅商業人士結盟。我列了一份候選人名單後，很快就發現湯姆・英格索爾（Tom Ingersoll）就是我需要見的人。

當時，英格索爾一直在為藍籌創業投資基金提供有關商業太空機會的諮詢服務。他有兩次擔任由創業投資所支持的太空企業的執行長，並負責成功退場的經驗，這使他成為太空經濟領域最有成就的營運商之一。作為一名工程師和企業家，英格索爾擁有無可挑剔的背景、豐富的產業經驗，以及在投資方面有足夠的專業知識，我們可以從各自的方向找到中間的交會點。你可以想像，當他同意加入太空資本作為我的管理合夥人時，我有多高興。

　　湯姆・英格索爾的職業生涯始於麥克唐納道格拉斯公司
（McDonnell Douglas）的幻影工廠（Phantom Works），他
在高階原型設計部門工作了 10 年，該公司是一家傳奇的航
太公司，最終與波音公司（Boeing）合併。在那裡工作時，
湯姆與阿波羅號的太空人皮特・康拉德（Pete Conrad）合作
了幾項重要的計畫，其中也包括快船實驗火箭（Delta Clipper
Experimental，DC-X），這是一種可重複使用的單級入軌發射
載具。

　　在 1996 年，湯姆與皮特・康拉德、TK・馬丁利（TK
Mattingly）和布魯斯・麥考（Bruce McCaw）共同創立了
Universal Space Lines。Universal Space Lines 成為當時的先驅，
並且懷有一個宏大的願景，就是在這個蓬勃發展的商業太空
產業中，以提供營運服務的角色立足，為此又成立了兩家子
公司：Universal Space Network，太空船的商用追蹤、遙測和
控制服務提供商，以及 Rocket Development Company ，一家
商業發射公司。

　　10 年後，英格索爾在麥考的幫助下主導了 Universal Space
Network 的出售，這是太空經濟中最早期的一次成功退場。
（英格索爾幫助建立的網絡現在是瑞典太空公司〔Swedish

Space Corporation〕的子公司，在低地球軌道和月球軌道的科學任務，以及像是天狼星衛星廣播公司〔Sirius XM〕所提供的商業衛星服務中，皆發揮了重要的作用。）

接下來，英格索爾被找去領導 Skybox Imaging，這是一家主力開發衛星，以提供更新頻繁、可靠、高解析度地球圖像的公司。在 2014 年時，他將 Skybox 以 5 億美元的價格出售給 Google，這是當時太空經濟中退場的最大創投之一。（Skybox 後來被行星實驗室收購，其資產成為該公司的收入的主要驅動力。）

隨著 Skybox 的出售完成後，英格索爾退後一步，審視市場的整體情況。雖然當時投資資本流入商業太空計畫的金額比以往任何時候都更多，但其中有太多的資金都流向了「錯誤的地方」。這就是為什麼當我詢問他加入太空資本的意願時，是最恰到好處的時機點。

「人們提出了他們無法實現的主張，」英格索爾告訴我，「這對投資環境來說並不健康的。這讓我很緊張。太空資本是我可以將流向太空狂熱分子的資金轉換到另一個方向而改變現狀的一種方式。如果人們不能在太空領域賺錢，資本就會枯竭。」

　　英格索爾相信，如今，太空狂熱的風向已經轉變：「事情絕對是朝著正確的方向發展。雖然還是存在泡沫，而且總是有一些糟糕的投資，但整體來說，我們正處在良好的軌道上。有人提出更好的見解。也有更多認真的投資者進入了這個領域。」

　　找湯姆・英格索爾加入太空資本無疑是我在公司做出的其中一項最佳決策，在全球很少有人像他一樣擁有完整的商業太空產業科技和經營經驗。除了他之外，很少有人不僅成功打造出太空船，還能種下整個太空事業的種子並獲得成果，而且不是一次，他做到了很多次。湯姆的專業知識和智慧是太空資本中無價的部分，而我很幸運能和他成為合作夥伴。無庸置疑，我們所凝聚在一起的力量，正是頂尖的創業投資和私募股權公司總是向我們尋求指引的原因。

　　太空資本是經驗豐富的基金經理和營運商，深耕太空社群，也擁有深厚的技術背景。我們的合作夥伴曾經打造火箭、衛星和操作系統。我們創立了多家在太空擁有資產的公司，並作為經理人主導了多次的退場。十多年來，我們一直在這個領域投資，而頂尖創業投資和私募股權公司一直都是請太

空資本的合作夥伴給予營運指導。作為關注新興觀點、想法、主題的投資者，我們也吸引了最優秀的公司創辦人，他們提出更好的問題，並做出更好的決策。

你可能會好奇，為什麼一家以專業知識為主要商品的公司，會在一本書中分享其知識。正如我之前所說，在我有一分錢可以投資之前，我已經利用我在太空經濟方面的專業知識，來教育市場和幫助市場擴大。投資者的教育仍然是我們策略的其中一個部分。這本書加入了我們有的一系列多元教育管道，包括太空資本白皮書、部落格文章、Podcast 和出演電視節目。作為投資者，我們相信，就太空經濟現有的所有活動而言，這個世界離完全善用眼前求之不得的指數成長機會還很遙遠。隨著所有人都有可能取用地球軌道，其他產業有許多的概念和創新，現在都可以應用於太空中。因而在分享我們的觀點時，我們也希望刺激最有才華的企業家、投資者和專業人士，更深度地參與太空經濟。

光是在過去的 10 年內，就有超過 2 千 5 百億美元的投資分散到近兩千家獨特的太空公司上。與此同時，大眾對太空相關職業的興趣也快速增加：在以太空人才為主的 Space Talent 社群和職缺佈告欄上，目前列出了 700 家公司提供的 3

萬個招募職缺。太空經濟已經到來，而且其成長幾乎呈直線上升的趨勢。

在撰寫本書的此時，在 SpaceX 和中國國營發射企業的引領下，今年的軌道發射次數創下了歷史新高。在 2022 年上半年有 72 次發射。如果繼續以這個步調前進，將會打破在 2021 年的 135 次成功軌道發射的記錄。有很多事情正在發生，如果你只仰賴主流新聞來接收太空以及太空相關科技的資訊，很容易見樹不見林。觸動神經的故事才會帶來點擊率，而我們在所有的媒體領域都看到了，追求點擊率讓事情的全貌被扭曲了。

在太空經濟領域有一些企業正在真正且持久地改善我們的生活品質，範圍從減少污染到確保我們的食品供應無虞，但他們成功的故事很難快速簡化然後對普通的觀眾訴說。而其他企業則以華而不實且戲劇性的承諾，讓容易上當受騙的媒體驚嘆不已，但這些企業所採取的方法卻缺乏良好的科學根據。

這是一個複雜且有影響力的故事，需要用一整本書的篇幅來好好處理。太空經濟不是你透過閱讀最新的新聞標題就能理解的。人們很容易將新近程度與相關性混淆。追蹤科技

部落格上與太空相關的貼文，並不能讓你了解到底發生了什麼事。要了解當今的太空經濟，你需要一個平衡的、基於事實的觀點，且此觀點需具備足夠的背景脈絡來讓你能夠理解其含義。

我和太空資本的合夥人們大部分時間都花在與公司討論他們的目標。而關鍵是，我們會進行追蹤並做好功課。我們會驗證假設，並根據事實預估勝算比。我們之所以可以如此成功，是因為我們擁有必要的專業知識和投資經驗，即使是有技術野心的創業型願景，我們也能夠挖掘出來。

在太空資本，我們認識當今太空經濟中負責營運的大多數關鍵人物。多年來，我們與許多推動太空發展的領導者、政府官員、技術專家和創新者在私下都有交流，我也特別為本書進行了一系列專訪。在這些令人難以置信的外部貢獻的幫助下，我有自信，這本書將以最全面性及最具有權威性的觀點來審視這個令人興奮的產業領域，而且將會在一段時間內都是這個領域的代表作。

　　本書由 10 個章節所組成，每一章都可作為太空經濟的一個或多個重點面向的綜合性資源，並且可以獨立閱讀。

　　第 1 章定義了太空經濟的觀點，並說明太空不僅僅是和火箭與衛星有關。你將會看到，衛星所提供的下一個世代數位基礎設施，正在成為我們經濟的各個部分，包括零售、運輸、製造等，所依賴的其中一部分基礎，這展開了新的可能性並深遠地改變了世界。

　　第 2 章提供了當今太空經濟的地圖，解釋不同太空經濟類別，並重點介紹一些關鍵的影響者。太空經濟最有趣的一件事情，就是在聚光燈之外發生了多少令人難以置信的創新。有多家公司已經在這個領域找到了產品與市場的契合點，並創造了龐大的價值，我希望更完整地了解這個市場的競爭環境，將可以幫助你了解可以在哪些方面投入你自己的貢獻。

　　第 3、第 4 和第 5 章針對太空經濟的公司創辦人、主管和領導者提供了建議。無論你是正在嘗試使用全球定位系統等基於太空之技術的企業家；是以新穎的方式使用地球觀測（Earth Observation，EO）數據的應用程式的開發負責人，你的應用程式規模雖小但不斷在成長；或是即將首次公開發行的衛星製造商的執行長；你都可以在這裡找到來自該領域的

各色主要人物的寶貴建議，以及我們自己在太空資本的觀察、洞察和最佳實踐。

太空經濟的不同尋常之處，在於它與政府組織和政策制定者的密切相互影響。除了深入探討 NASA 的轉變，造成了 SpaceX 的成功和太空經濟的誕生之外，第 6 章還提供了產業內的人士對當前太空的規範以及它們在不久的將來可能如何轉變的看法。如果你的公司在太空領域營運，或計劃要進入這個領域，那你就會需要閱讀本章。

第 7 章提供了實用的引導和有用的見解，可以幫助你在碰到太空科技時得以區分事實與幻想，並充分善用你的資金，以具有太空意識的投資理念作為基礎，在任何的投資組合中創造出強勁、有韌性的長期增長。

如果在太空經濟內工作的想法讓你感到興奮，那麼你很幸運。這些工作機會遠遠超出了物理和工程等專業領域。在第 8 章中，我將介紹太空專業人士最需要具備的技能、特質和特性，並為追求這條最有前途的職涯道路提供導引。每個人都有可以發揮的空間，最重要的是，太空經濟將具備強大抵抗經濟衰退的能力。

在 COVID-19 和大離職潮之後的這段時間，幾乎對每個

組織來說，人才都是最急迫的挑戰。在太空經濟領域更是倍感急迫，在這個領域的人才競爭比整個科技產業都更加激烈。從好的一面來看，那些雄心勃勃且具有激勵人心使命的公司，就會吸引到優秀的員工，而太空經濟企業就是地球上最具雄心壯志的商業領域了。在第 9 章中，我將分享最聰明的那些組織正在採取哪些措施來吸引、培養和留住世界一流的人才。

　　本書的大部分內容都是為了此時此刻而寫的：太空經濟的現況，以及等待任何聰明而有野心的人去把握住的那些機會。然而，往前方多看遠一些，是有價值的，在本書中，我們也將探討太空經濟中的新興產業。月球基地和載人的火星任務實際上並不像你想像的那麼遙遠，這些可能性僅代表了某些非常聰明和高度務實的領導者，對於未來幾十年所想的願景中的很小一塊可能性的拼圖。在第 10 章中，我將概述接下來在未來很可能發生的事情，我將實事求是、不受炒作影響、基於現實狀況地提出我的論點，並探討那些你可以明確認定是極不可能發生的牽強想法。我還將探究兩項人類生存的威脅（氣候變遷和軍事衝突），並探討太空經濟帶來的危險，但更重要的是，探索太空經濟所帶來的希望。

　　在強調太空經濟讓世界變得更美好的那些令人期待的可

能性的同時，我希望的是，在不同政治光譜兩端的人們能夠走到一起，共同努力實現一個更良性、更有韌性的世界的這個願景。伊隆‧馬斯克可能正在計劃人類藉由火星退場的策略，但在那之前，地球上還有很多值得拯救的事物，而我們終於擁有了能夠給予往未來前進之承諾的工具。

因為考量到所有的這些事情，我會將本書稱為你現在正該閱讀的最重要的那本書。這本書將成為了解局勢真正走向的重要入門讀物，不僅是在美國，不僅是在整個衛星產業，而是在全球經濟的整體中皆是如此。在這之中，你將會把自己定位為一位投資者、企業家，或專業的職業人士。

無論你現在身處何處，這個故事都會影響你。你是否打算更深入了解這個新的現實，並抓住這個機會然後充分發揮其價值？或者你會打「安全牌」，把頭埋在沙子裡對現實視而不見？一個新世界不僅僅將會到來，它實際上已經在發射台上，蓄勢待發。

我們就要起飛了。你準備好登上太空船了嗎？

1

太空，下一個大事件

要了解你的工作、投資和經濟的未來的話，

請抬頭向上看

　　如果你曾經希望來自未來的某個人可以拍拍你的肩膀，告訴你在 1983 年投資蘋果電腦，在 1996 年創辦一家電子商務公司，或者在 2002 年冒險接受 Google 的工作而不是打安全牌固守在貝爾斯登公司（Bear Stearns）的工作，你就明白區分信號和雜訊的重要性。區辨雜訊對於個人的成功和商業衛星來說一樣重要。

　　這個模式在歷史上不斷重複發生：隨著新一波的機會的形成，有少數的人會讓自己站上乘風破浪的位置，然後跟著這波浪潮達到頂峰並走向成功。我們其他人則看著他們跟著浪潮上升，然後希望我們有時光機可以回到過去。

　　沒有人生來就有能力看穿誇大的炒作，並精準鎖定接下來真正的大事件。那些贏家都是透過累積知識和洞察力來獲得優勢。請繼續閱讀，然後加入他們的行列吧。

　　要了解太空經濟的範疇和其潛力，請看一下現在無處不在的這項太空科技的興起：全球定位系統（Global Positioning System，GPS）。全球定位系統的故事以及它如何顛覆改變世

界，將幫助你了解整個太空經濟更龐大的潛力。

在 1983 年 9 月 1 日，一架蘇聯戰鬥機擊落了從紐約飛往韓國首爾的大韓航空 007 號班機。在冷戰情勢最嚴峻的時刻，由於導航錯誤，這架波音 747 客機飛入了蘇聯領空。幾分鐘之內，導彈就射向了蘇聯認為是西方國家偵察機的客機上。總共有 269 名平民喪生。

悲劇發生後，美國總統雷根（Ronald Reagan）宣布全球定位系統這項為軍事用途而開發的科技，將作為公共財提供給所有人使用。無論 KAL 007 班機的悲劇是否刺激了這項行動，或者只是為雷根提供了一個及時宣布早已做好之決策的時機，這項原本為了戰爭而創造出的科技，很快就幫助每個人都能找到自己的路。世界從此永遠不再一樣了。

由美國商務部（United States Commerce Department）委託調查的一份 2019 年報告估計，自全球定位系統於 1980 年代開始開放大眾使用以來，僅在美國就創造了 1.4 兆美元的經濟效益。如今，全球定位系統關鍵的基礎設施層仍繼續支持著新的技術應用。截至 2020 年，免費存取位置數據推動了全球的商業以指數級增長，創造了近 800 家公司，總股本估值超過 5 千億美元。這個無形的信號，對全球經濟的重要性

再怎麼強調都不為過。

　　從畫出在地的駕駛路線到協調供應鏈，全世界都仰賴著全球定位系統和其他全球衛星導航系統（global navigation satellite systems，GNSS）。Uber、Yelp 和 Pokémon GO 的創造者 Niantic 都仰賴全球定位系統來運作，而這些公司一起代表了歷史上某些最大型的創業投資的成果。根據 PitchBook 金融數據顯示，截至 2020 年，以全球定位系統為主的前 25 大退場公司，為最早期的投資者帶來了 690 倍的平均退場回報。即使你自己不是經驗豐富的投資者，你也一定樂於擁有 690 倍的投資獲利。

　　儘管全球定位系統具有重要性和尚未開發的潛力，它也只是衛星產業中每天創造出非凡價值的三大太空科技技術堆疊（technology stack）的其中一項。這三組技術堆疊代表了支撐當今價值幾萬億美元的全球產業的下一代數位基礎設施，我們在稍後將會詳細介紹它們。

　　全球定位系統的故事有助於我們建立接下來討論的框架，因為它本身是一項大家熟悉且非常有價值的科技，但卻是無處不在且幾乎是看不見的。聚焦於全球定位系統的鏡頭，將幫助你看到整個太空經濟的潛力。

一個市場的誕生

在 2012 年，隨著太空商業化的展開，太空經濟展現出一個急遽成長的新興市場所擁有的關鍵特徵。伊隆・馬斯克位於加州的運載火箭製造商和發射服務提供商 SpaceX，已將天龍號太空船的太空艙發射到國際太空站，並將貨物和補給品運送到太空站，然後安全地返回地球。此前，只有俄國、中國和美國這三個超級強國曾在國際太空站停泊過太空船，並成功返回地球。那一年，這一家私人企業以一種能夠迅速激發他人創業野心的方式，加入了超級強國的行列。這就是經典的市場起飛！

用商學院的論點來說明，科技創新會遵循 S 形曲線。一開始，隨著概念的推進斷斷續續，創新的進展也會是漸進而缺乏條理。正如行銷專家兼作家傑佛瑞・墨爾（Geoffrey A. Moore）在他的《跨越鴻溝》（*Crossing the Chasm*）中所提到的，「跨越鴻溝」，也就是將一項創新從早期採用者傳播到主流市場，這件事即使在最理想的情況下，也是極其困難的，尤其是當新事物明顯優於舊的事物時更是如此。許多有前景的科技根本無法跨越那道鴻溝，還有許多是花費了非常長的時

間才能做到這一點。

從出乎意料的高成本到監管的阻礙，再到老字號企業的防禦策略，有很多因素都可能會減緩某個構想的傳播。價值主張中可能仍然缺少該科技的一個關鍵要素。或者，設計中可能存在一個小卻關鍵的缺陷，等著後起的企業家去發掘。有時，橫亙在前的阻礙是文化惰性，而真正缺少的是一位願意去推動的頑強企業家。

無論碰到的阻礙是什麼，只要最後一項障礙倒下，就會刺激早期採用者蜂擁而至地去冒險、去嘗試。如果產品或服務有給他們的熱情帶來回報，他們就會將這項新的科技傳播出去，催生一個新的市場，並引發隨後的創業和創新浪潮，指數級成長也會隨之而來，S 曲線就會向上發展。

最終，某個構想被壓抑的潛能，會擴散到市場中。當晚期的大眾和落後者（例如你的父母）也接受新的產品或服務時，成長就會再次進入高原期。這就是一個「S」形狀的曲線。然後，隨著時間的推移，曾經具有革命性的創新，也會達到實用性或競爭優勢的極限。新的創新概念不斷出現，而其中某一項創新也跨越了鴻溝，使之前的創新變得過時──再見了，真空管。哈囉，電晶體。

在 2012 年之前，有幾項因素抑制了太空經濟的發展。在 SpaceX 出現之前，將某個東西送入軌道的過程不僅困難、危險，而且還是複雜、昂貴和不透明的，這使得發射成為專門訂製且少量的業務。作為衛星製造商，你需要飛過半個地球與俄國的發射服務提供商會面幾天，討論你的需求，然後回家等待。最終，你將收到發射提議簡報，成本是 1.3 億美元、9 千萬美元，或是 3 億美元。為什麼是這個金額，而不是另一個金額呢？沒有人知道。

定價基本上就是個黑箱，要將一件物體送入太空，意味著你得不把錢當錢。這代表你需要是某個政府機構、大型電信公司，或者是國防承包商。光是不透明性就代表了一個巨大的進入障礙：當你無法說出需要籌集多少資金時，你如何能籌集資金？而這還只是太空經濟蓬勃發展需要消除的其中一項主要阻礙。

軟體的改版更新是相對快速且便宜的。但是對於由政府機構、國防承包商和電信公司主導的大型基礎設施計畫來說，快速的改版更新是不可能的。不幸的是，這些人是幾十年來僅有的市場競爭者。由於普通的《財富》500 大公司（Fortune 500）都無從進入，更不用說有抱負的創業家了，所以這個市

場基本上對新進者關上了大門，這也代表著新進者可能帶來
的偉大創新構想和抱負非常稀缺。對於創新者來說，太空就
是一條死路。為什麼在無法以經濟實惠的方法來測驗和迭代
更新的狀況下，還要去實現這個構想呢？不如將你的精力和
創造力集中在某個 iPhone 應用程式上吧。

　　SpaceX 不僅讓取用軌道的過程變得更加可負擔，而且也
更加透明，甚至公佈了他們的定價，讓所有人都可以查看。
一旦創業家能夠根據實際發射的成本擬定商業計劃，他們就
有辦法籌集資金了。今天，如果你有一組堅實的創辦團隊和
一個善用發射且前景被看好的構想，你就有很好的機會可以
獲得資金，不再需要透過在某個俄國會議室的閉門委員會來
做模糊的預算預估。我們之後將會看到，SpaceX 的下一款運
載火箭星艦（Starship）將使進入軌道變得更加容易。但是在
此之前，是獵鷹 9 號（Falcon 9）火箭讓雪球開始滾動，從本
質上顛覆了太空經濟。

　　雖然品質和功能一飛沖天，但是智慧手機的處理器、感
測器和其他電子組件的成本卻因規模經濟而急劇降低。而在
SpaceX 之前，衛星工程師只能受限於使用具有「太空傳統」

的組件：即已在太空中成功使用過的技術，即使這些技術按照消費者標準來看已經是完全過時了。同樣地，當其他所有產業都善用雲端進行儲存和處理數據時，衛星的數據仍然只鎖在私人的伺服器農場中，只能透過昂貴、手動且令人沮喪的官僚流程才能取用。

SpaceX 降低了發射成本和讓價格透明化推倒了第一塊多米諾骨牌，向太空發射一系列更小型、更便宜、更精細的衛星，取代發射一顆大型的衛星，就變得可行了。如果一顆小型的衛星發生故障，你還有大量的其他衛星作為備用。這給了工程師能夠使用現成組件的自由，這些組件比那些承續太空傳統的組件更便宜、功能更強大，從而一次性釋放了數十年的科技創新力量。同樣地，搭載一艘獵鷹 9 號進入軌道的新衛星營運商，可以享有將數據傳輸到雲端的便利性，取代投資購買新的伺服器。這一轉變促使現有的企業紛紛效仿，讓大量的衛星數據開放給新的應用軟體使用。

在太空經濟中阻礙成長的最後一個障礙，是取得資本。這就是太空資本及其同行可以發揮作用的地方。當我創立這家公司時，基本上沒有任何以太空經濟為主的創業投資活動。一旦市場向有潛力持續成長的新進者敞開大門，股權投資就

開始流動了。請見圖 1.1。

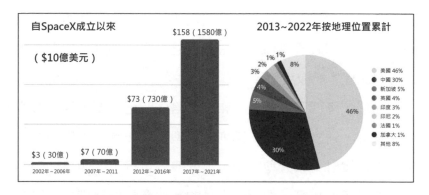

自SpaceX成立以來
（$10億美元）
$3（30億）　2002年～2006年
$7（70億）　2007年～2011年
$73（730億）　2012年～2016年
$158（1580億）　2017年～2021年

2013~2022年按地理位置累計
● 美國 46%
● 中國 30%
● 新加坡 5%
● 英國 4%
● 印度 3%
● 印尼 2%
● 法國 1%
● 加拿大 1%
○ 其他 8%

圖 1.1 太空經濟中的私募市場股權投資

我們是如何走到這裡的？

　　登陸月球是 20 世紀最偉大的科技創舉，但是 50 年後，美國已是世界霸主，但卻缺乏自己進行發射的能力。陷入困境的太空梭計畫（Space Shuttle）於 2011 年退役，美國被迫於依賴俄國將自己的太空員送上國際太空站，這是一個帶有歷史諷刺的轉折。對於所謂太空競賽的「贏家」來說，仰賴「輸家」來進行發射是種恥辱。

　　同樣也令人驚訝的是，主導歷史上其中一項最戲劇性科

技變革的重擔，卻是落在了一位易怒的南非科技企業家身上，然後他硬拖著美國，讓美國在不到 20 年的時間裡從太空領域的落後者變成了領先者。

作為一個密切觀察 SpaceX 發展軌蹟的人，我可以負責任地說，伊隆・馬斯克的成功絕非一朝一夕的事，但他依然堅持住了。他的推論很明確：「人類的未來將從根本上往兩個方向分流。」馬斯克在一次接受採訪時表示，「（要麼）它將往多行星的未來發展，或者它將被限制在一個行星上，直到最終發生滅絕的事件。」

作為一家公司，SpaceX 也有許多必須解決的障礙，即使碰到事情進展不順利時，這項使命仍然讓公司維持前進的動能。「當某件事夠重要時，」馬斯克在太空梭計劃告終後不久告訴《60 分鐘》節目，「即使局勢不利於你，你也會去做。」如今，SpaceX 正在扭轉這一局面。

在第 6 章中，我們將更深入了解美國發射能力衰退的原因，以及美國再起的背後關鍵因素。

評估這個機會到底有多大

　　便宜的軌道取用是一項重大的變化，但它對投資者、企業家和有抱負的專業人士有現實的影響嗎？要創辦一家像 SpaceX 的星鏈（Starlink）這樣的太空基礎設施公司，仍然比購買一台廉價的筆記型電腦和編寫行動應用程式的軟體更困難和昂貴。然而，我們將看到，對於當今的創業家來說，太空經濟的大部分經濟潛力，在於善用衛星提供的數據來經營新的軟體應用程式。即使是個體的創業家，也能成功地創辦這樣的企業，而不需要擁有一座巨大的機棚。太空經濟的經濟潛力無疑是向所有人敞開大門。真正的問題是，一個人如何能夠找出和善用正在釋出的新機會，同時對任何新市場都會有的風險維持覺察？

　　成功的因素有很多，在這之中，時機是最重要的因素。例如，貝爾航太公司（Beal Aerospace）是一家資本雄厚的私營公司，早在 SpaceX 之前，這家公司就曾試圖成為 SpaceX。然而，除了面臨技術問題之外，貝爾也未能打破國防承包商對政府合約的箝制。相比之下，當 SpaceX 出現時，政治條件是對 SpaceX 更有利的。如果 SpaceX 碰到和貝爾一樣的狀況，

SpaceX 是否仍能成功？這很難講，但毫無疑問，當 SpaceX 真正加入競爭時，時機是更有利的。同樣的，從火星基地到小行星採礦，太空經濟的新興產業終有站到浪頭上的一天，但那一天不會是今天。不要讓遙遠的未來，分散你對眼前大好機會的注意。

　　創業家在向我們提案時，總是會提出雄心勃勃但在物理上根本不可能實現的構想。我們非常擅長發現這些問題，因為正如在前言所說的，湯姆・英格索爾和太空資本的其他主要專家都已經建造過火箭、衛星和操作系統，創辦過了目前擁有太空資產的公司，並作為營運商主導了多次的退場。我們的成績紀錄和累積的的專業知識，是太空資本作為頂尖創業投資和私募股權公司信賴的經營指導來源，且能夠一直屹立不搖的原因。

　　你需要多做功課才能勝出。像太空經濟這樣充滿活力且發展快速的新興市場很令人期待，但它們也是騙徒和壞人的主要滋生地。簡單地調查一下這個領域將幫助你預防許多危險，閱讀這本書也是其中之一。以後見之明來看，人們顯然會因為故意視而不見，而被那些明顯好到令人難以置信的事情所迷惑。我們所有人都希望自己是下一件大事件的一份子，

　　無論我們是選擇某種職業、某個投資機會，還是探索某個創業利基，我們都需要意識到這一點，並保持謹慎。任何人都可以做預測，但如果你無法清楚且合理地解釋為什麼某個機會值得你投入時間、金錢和注意力，那就放棄這個機會，或者一次賭上這三件事吧。

　　這本書提供了一種方法，去思考當前在我們頭上繞著軌道運行的這些機會。你可以將本書視為**在這個混亂景象中理解創新和機遇的一張地圖**，你將會看到，這本書涵括了包括人工智慧和氣候科技等各種領域。我的目標是要說服你，**太空經濟是聚焦我們這個時代最大機會的正確視角**。如今，多種太空科技都與 1980 年代的全球定位系統處於 S 曲線的同一位置，當時天寶導航（Trimble）、麥哲倫導航定位（Magellan）和 Garmin 等有遠見的公司，將這種默默無名的衛星定位系統從軍用帶入了民生市場。

　　人們總是搞錯科技進展的步調。當一項新的創新出現時，我們都想像著無限的可能性即將到來。然而，當這些突破沒有立即發生時，我們很快就會開始懷疑，並不再把注意力放在這件事上面。與此同時，在大眾的視線之外，這項新興的創新卻不斷發展，一開始很緩慢，但速度越來越快，直到早

期的期望不僅實現，甚至還超越了。我們現在也已經到了太空經濟的反曲點。你現在注意到了嗎？

為什麼現在是「發射」的最佳時機

太空經濟的投資水平在 2021 年時創下歷史新高，隨後就颳起了逆風：COVID-19 揮之不去的影響、在烏克蘭的戰爭、氣候變遷的影響（像是大規模遷徙、疾病、飢荒），以及歷史上最長的牛市結束。這些還只是讓業界的領袖及所有人夜不成眠的災害其中一部分，這類的全球性挑戰需要的是全球性的解決方案。

在不確定的時期，資訊就變得更加重要。在天塌下來的這種時刻，企業和政府卻更加大投資在基於太空的數據上。地球的軌道為收集和傳播有關世界現況的知識，提供了一個絕佳的優勢點，從上面往下看的視野是無可替代的。當今的太空科技構成了推動世界經濟的無形支柱。全球定位系統以及其他兩項衛星技術堆疊：地理空間情報和衛星通訊，在大多數主要的產業中都扮演著關鍵的角色，從追蹤隱匿排放的甲烷，到優化全球的航運路線，無所不能。正是由於這些原

因以及更多的因素，太空經濟將會是反週期的。在繁榮的時期，太空數據有助於企業擴張，在危機的時期，它可以幫助企業維持韌性。

　　「太空經濟」一詞可能會讓人想起藍色起源（Blue Origin）和維珍銀河（Virgin Galactic）等公司的「太空旅遊」，這些公司將「花錢的太空人」發射到太空的邊緣。然而，行星實驗室這家公司其實更能夠代表太空科技在短期內可被掌握的發展潛力。行星實驗室於 2010 年由一群前 NASA 工程師所創立，他們意識到 NASA 的 5 倍繁瑣且超強適應性的衛星設計方法，在 SpaceX 的時代已不再合理。當你可以發射一大群以分佈式網絡運行的廉價小型衛星時，為什麼要花費大量時間和金錢來建造一顆幾乎萬無一失的衛星呢？如果有少數衛星發生故障，仍有其他更多的衛星可以維持網絡運行。消費電子產品的進步，代表著最初為汽車和手機開發的低成本且現成的組件也可用於製造衛星，這些衛星比最精巧的傳統選項，更多了先進的功能。

　　行星實驗室是最早充分利用這種更實惠的發射服務的先驅公司之一。該公司也是我們在太空資本的第一筆投資，不過，當我們在 2015 年準備好資金並開始運作時，該公司已經

在針對成長資本進行 C 輪融資了。自 2017 年以來，行星實驗室所擁有的一組小型衛星網絡每天都會對整個地球拍攝圖像，而其股票現已在紐約證券交易所進行交易。

　　行星實驗室只是說明現在的可能性的其中一個例子而已。正如蒸汽機、電晶體、雷射等重大創新一直以來的發展，SpaceX 也催生了以其為中心的一個完整的新創企業的生態系統。開放衛星軌道，就是解鎖了未來。

太空到底有多大？

　　在 2021 年 11 月 15 日，國際太空站上的 7 名太空人接到避難警告，因為太空站可能被迎面而來的碎片雲破壞。在沒有任何警示的情況下，俄國測試了一種反衛星武器（antisatellite weapon，ASAT），炸毀了一顆重達近 2,270 公斤的廢棄蘇聯衛星，並在此過程中向地球軌道釋放了數十萬塊碎片，危及太空站上的所有人（包括兩名俄國太空人）。在這一離奇事件中更令人驚訝的其中一個部分是，我們投資組合中的私營公司，在追蹤爆炸及其後續影響方面，還比美國政府做得更好。

　　後來，在俄國開始入侵烏克蘭後，俄國威脅要使用反衛星武器擊落外國的衛星，因為商業化的太空產業正在破壞俄國控制戰區資訊流通的一慣做法，這讓世界各地的平民都可以透過 Google 地圖上的交通資訊追蹤入侵部隊的位置。當 SpaceX 將星鏈終端機運送到烏克蘭，幫助烏克蘭人民保持聯繫並協調軍事行動時，俄國切斷烏克蘭通訊並透過宣傳來操弄大眾風向的行動，就變得更加困難。

　　正如同美國的沙漠風暴行動（Operation Desert Storm）是第一次全球定位系統的戰爭，入侵烏克蘭也是第一次的太空戰爭。太空經濟的經濟、政治和戰略重要性，再也無法被否認。這就是為什麼我們會看到市場呈現指數級的成長。僅在 2022 年的第一季，就有超過 70 億美元投資到 118 家太空公司上，使太空經濟的私人資本投資總額，達到超過 2,500 億美元的紀錄。這些行動有四分之三都發生在美國和中國，但其他地方的市場活動也幾乎都有增加，從紐西蘭（Rocket Lab ✈）到日本（iSpace）再到芬蘭（ICEYE ✈）。太空經濟日益國際化，而這個競技場是向所有人開放的。

　　在 2012 年至 2021 年間，有近 2 千家獨一無二的公司的創新是因私人資本而推動。這些公司橫跨了全球定位系統、

地理空間情報和衛星通訊這三大衛星技術堆疊。每一組堆疊都包含了三層：基礎設施（Infrastructure）、傳輸（Distribution）和應用（Applications）。基礎設施層是關於建造、發射和營運太空資產的硬體和軟體。傳輸層是關於接收、處理、儲存和傳送來自這些資產的數據的硬體和軟體。應用層是使用這些數據向客戶提供產品和服務的硬體和軟體。例如，洛克希德馬丁公司（Lockheed Martin）發射了可產出定位和定時數據的全球定位系統衛星（基礎設施）。天寶導航和 Garmin 等公司則生產從衛星接收全球定位系統信號的終端機（傳輸）。Uber、Yelp 和 Niantic 等軟體開發商則編寫仰賴全球定位系統數據的軟體（應用）。Garmin 等傳輸公司和 Uber 等應用程式公司，都是全球定位系統堆疊的一部分，儘管它們本身並未在全球定位系統衛星上發揮任何作用。

過去 10 年，我們所目睹的太空經濟的大部分成長，都是基於現在已有 10 年歷史的發射模式。隨著 SpaceX 巨大且完全可重複使用的星艦到來（稍後將詳細說明這種革命性運載火箭的重要性），我們將會進入一個新的發展階段，在這一階段太空經濟的成長將進一步加快速度，讓全新的產業得以實現。太空經濟為我們這個時代最急迫的問題提供了可行的

解決方案，這包括從從資源稀缺到氣候變遷等問題，所以它成長得越快，對我們就越有利。

美國太空野心的興衰

德國人的 V-2 是第一個長程導引彈道飛彈，也是第一個進入太空的人造物體。在 1944 年，一個 V-2 飛越了卡門線（Kármán line），這個海拔高度仍被認為是粗略的地球大氣層與外太空之間的分界線。卡門線位於平均海平面以上 100 公里處，根據定義，任何螺旋槳飛機都無法穿越卡門線，因為空氣太稀薄而沒有足夠的升力支持航空飛行。

第二次世界大戰後，因為迴紋針行動（Operation Paperclip）計畫，德國工程師華納・馮・布朗（Wernher Von Braun）和一小隊專家同事一起被帶了美國。在那裡，這位 V2 的創造者幫助美國開發了美國自己的火箭，並於 1958 年開發了美國的第一顆衛星：探索者 1 號（Explorer 1）。最終，前德國的黨衛軍軍官馮・布朗成為美國新的馬歇爾太空飛行中心（Marshall Space Flight Center）的主任，在那裡他主導了土星 5 號（Saturn V）火箭的開發，該計畫最終延伸至登上月

球的阿波羅任務。美國認為支配太空對其未來非常重要，因此給予馮‧布朗和他的同事得以進入美國最機密的地點和閱讀最機密專案的權限。

　　如果迴紋針行動是唯一的計畫，進展可能會更慢，我們可能仍在為首次去到月球而努力。然而，宣誓效忠美國的德國僑民的人數大約在 1,600 名左右，遠遠少於蘇聯在其境內重新安置的 2,200 名德國科學家和工程師。當這兩個大國開始藉由自己秘密儲備的德國火箭專家在競逐同一個比賽的獎項時，每一項與太空相關的大目標都承載著民族自尊心的重量，每一個里程碑都成為一項經濟體系和政治世界觀的論據。資本主義，還是共產主義，究竟在哪一種模式下進步更快呢？

　　回想起來，美蘇之間的太空競賽也無法僅從經濟的角度來理解。若是考量到如果將這些資金和精力投資於核武器或某些威懾力量，可能可以取得什麼樣的成果時，你也會覺得像阿波羅這類的計劃，在某種程度上對美國的國家安全來說舉足輕重的論點是很薄弱的。反之，這兩國都投入鉅資在追求每一項太空的「第一」，從第一顆送上軌道的衛星，到第一個登上月球的人，但卻很少思考在實現所有這些重大的「第一」之後，接下來是什麼。

蘇聯在這場軌道的較量中，早早取得了領先。在美國聲稱要發射衛星的刺激下，俄國於 1957 年首先發射了史普尼克1 號 （Sputnik 1），震驚了全球。美國第一顆衛星探索者一號於次年發射，但大眾並不會頒給美國銀牌，這是一次慘痛的戰敗。蘇聯接下來創造了更多的第一：萊卡（Laika）是第一隻進入太空的哺乳動物（1957 年），月球 1 號（Luna 1）是第一個離開地球軌道的飛行器（1959 年），月球 2 號（Luna 2）是第一個登上月球的飛行器（1959 年），尤里・加加林（Yuri Gagarin）是第一個進入太空的人類（1961 年）。也許蘇聯領先的優勢要歸功於俄國多招募的那 600 名德國專家。不管怎樣，蘇聯人都讓美國人亂了陣腳。他們無情且沒有極限的進步方式，似乎因其非凡的成果而獲得了驗證。必須發生一些戲劇性的事情，才能夠證明美國方式的正確性。

1962 年時，約翰・甘迺迪（John F. Kennedy）對這個慌了手腳的國家，進行了對全國國民的演講。這位年輕的總統在萊斯大學（Rice University）的 4 萬人面前發表演說，他闡述了執行讓美國人登上月球以及其他太空相關的艱鉅任務的理由，「不是因為它們很容易，而是因為它們很困難」。那時，甘迺迪已經告訴國會，他打算資助一項登月計畫（馮・

布朗相信這是下一個該追逐的大目標）；但國會議員們對這個想法反應冷淡，而這不難看出原因。民意調查顯示，大多數的美國人都反對登陸：這太貴了，太冒險了，政府應該要更關注在**地球**上的問題。前總統艾森豪稱這個想法「瘋了」。然而，甘迺迪慷慨激昂且辯才無礙的演講，直截了當地呈現了美國的自身形象，並扭轉了輿論的方向。

甘迺迪的計劃中，有一個被遺忘的要素，是他希望在登月方面與蘇聯合作。尼基塔・赫魯雪夫（Nikita Khrushchev）顯然也對這種可能性有興趣，至少這可以讓俄國有機會一窺美國的最新科技。不幸的是，在與俄國合作之前，甘迺迪就被暗殺了，而這個想法很快就被下一屆政府屏棄了。美國將靠著自己的力量奪取這個大獎——或者失敗。在 1969 年 7 月 20 日，美國確實贏得了這項大賽，當時老鷹號（Eagle）登月小艇在月球表面著陸，尼爾・阿姆斯壯（Neil Armstrong）和伯茲・艾德林（Buzz Aldrin）成為第一批踏上最接近我們的天體鄰居的人類。隨後又進行了五次類似的月球任務，最後一次是阿波羅 17 號（Apollo 17），將尤金・塞爾南（Jack Schmitt）和傑克・施密特（Jack Schmitt）送上了月球表面。

塞爾南和施密特飛離月球表面已有半個多世紀了，但還

沒有人類重返月球。如果你想了解美國為何在完成這一項非凡壯舉後，卻又逐漸放棄月球甚至是整個太空的探索，你可以歸咎於以下幾個重要因素：經濟動盪，1986 年挑戰者號（Challenger）的災難，NASA 向承包商支付款項的方式也存在系統性的問題。所有這些實際的考量，以及更多的因素，將在第 6 章中詳細探討。然而，我們的太空野心被削弱的根本原因，可能就是因為 1963 年 11 月 22 日甘迺迪在達拉斯被暗殺的事件。

在甘迺迪為美國的太空計劃建構出長期且經濟上可行的願景之前，他的生命和總統任期就提早結束了。當阿波羅 11 號（Apollo 11）實現了載人登陸月球任務狹隘定義的目標後，在國家層級就沒有任何領導的決策力可以決定美國應該如何以此為基準發展。隨著戰後繁榮的消退和美國經濟在 1970 年代開始衰退，對太空進行投資似乎不再是成長和創新的引擎，而是分散了人們對「地球這裡」緊迫問題的注意力。鑑於太空科技目前所帶來的經濟價值，很難想像還有比這更有缺陷和更有破壞性的誤解了，但在當時，太空對人們來說感覺非常遙遠。

美國的太空野心冷卻的象徵，是太空梭計劃。在大約

幾年內，美國從執行以阿波羅和墨丘利（Mercury）等羅馬神祇命名的偉大任務，轉變為營運飛往低地球軌道的「接駁（shuttle）」任務。在全美國民的想像中，NASA 成為了一個有光榮感的港務機構。不斷膨脹的預算、偶一為之有意義的成就，以及日益成為問題的失敗和事故紀錄，都更加強調了這種過時和無關緊要的印象。當 NASA 於 2011 年讓陷入困境的太空梭計劃退役，且沒有替代的計畫時，這給美國造成了巨大的能力缺口。而在媒體上，太空梭計劃的終結只不過是一個歷史性的註腳，無力地提醒人們曾有一個充滿雄心壯志的時代。

意想不到的復興

不久前，NASA 的運作體系仍充斥著浪費和失敗，以及適得其反、短視近利的激勵措施。換句話說，與任何其他大型的美國政府官僚機構幾乎一樣。如果 NASA 想要建造一枚火箭或衛星，它會去找一小群國防承包商，並向其中一家承包商支付一大筆錢，讓他們按照一組固定的規格去打造。這些被稱為是「成本加酬金（cost-plus）」的合約。而承包商很

快就發現，比起在預算範圍內按時完成工作，拖延工作可以讓他們賺更多的錢。如果他們花費幾年和數十億美元來實現一項關鍵目標，但卻沒有取得太大的進展，他們可能會獅子大開口、要求更多資金：「這些工程的事情比我們預期的更難，」他們會這樣告訴官僚們。「我們還需要多兩年的時間和×億美元才能完成這項工作。」

在成本加酬金制度下，NASA別無選擇，只能同意。最終，NASA可能會支付更多費用並獲得它所需的東西，或是也可能完全放棄這項任務。NASA的談判能力也進一步受到週期性才出現的軌道發射窗口（launch window）的限制。如果你想知道為什麼美國的太空創新在1980年代和1990年代停滯不前，成本加酬金就是你該找的答案。政府不是國防承包商的客戶，而是國防承包商的捐助人。最終，這些公司獲得資金並不是為了有效地完成工作，而是為了讓大量的選民可以繼續被公司聘雇。

幸好NASA有一些非常聰明的領導者，我們將在第6章中認識他們，他們在2000年代建立了一套新的且更穩固的系統。在這套「固定價金（fixed-price）」的系統下，NASA可以定出它想要的服務：「開發出需要的容量，按照這個時間，

規劃將這麼多人和這麼多貨物運送到國際太空站。」NASA告訴市場：「如果你能在這個價格範圍內做到這些事情，那麼你就能得到報酬。」如果某家承包商可以做到 NASA 的要求，它就確保會有合約所保證的收入。如果承包商超出預算，那就是承包商自己的問題了。這種誘因的制度，才終於讓真正的競爭成為可能。美國政府責任署（U.S. Government Accountability Office）向國會提交的一份 2020 年報告所得出結論是：「確定固定價金（firm-fixed-price）合約……為承包商需控制成本和有效執行，提供了最大的誘因，並給締約方帶來最小的管理負擔。」

固定價金合約就是太空經濟所需要的刺激。競爭可以降低成本、提升效率，並推動創新。當有多家供應商在商業條件下競爭時，他們的客戶 NASA 就會獲益，像是：成本更低、開發更快速、承包商承擔更多的責任和針對完成任務有更強力的保證。透過調整誘因的措施，NASA 也讓 SpaceX 和其他新進者可以蓬勃發展。

SpaceX 的完整故事超出了本書的範圍，但是我們稍後會討論到關於 SpaceX 的更多要素。目前，了解該公司對太空經濟有舉足輕重的影響力背後的原因就夠了。價格透明使小型

企業和新創公司能夠計算成本、制訂切合實際的商業計劃，並確保這些太空專案所需的資金。這造成了巨大的影響，行星實驗室就是早期的成功範例之一。同時，部分組件的可再用性以指數成長，而讓發射的成本下降，這為創業投資打開了大門。由於價格下降，大量的投資開始湧入太空經濟市場。

而我們很快就可以看到，SpaceX 的新型發射載具星艦，將會把一切提升到另一個新高度。星艦主要由不銹鋼打造，在建造過程中幾乎不需要用到稀有或昂貴的材料，雖然具備先進科技的精密，但它背後的設計概念比 NASA 的發射載具更符合商用飛機的概念。它的設計目的就是低生產成本、低操作成本，並且可以快速且完全重複使用。想像一下，在這個世界機票會是什麼價格，當每次飛機飛抵後，航空公司的員工都會將飛機扔進海裡，然後從機庫中駛出一架全新的飛機。如果是這樣的話，創新將會凍結，航空旅行的乘客將僅限於超級富豪。

星艦能夠在地球、月球和火星上著陸和發射，這開闢了新的可能性的前景。想像一下一個體積為 1,100 立方公尺的壓力箱，當它可以用經濟實惠的價格被送到月球並返回地球時，你可以用它做到的所有事情。現今，我們都是以公斤

來衡量太空的貨物，但是星艦可承載到 100 公噸。這相當於 150 頭大型公象的重量，比獵鷹 9 號提升了 1,000%，這讓獵鷹 9 號成為一個即將被取代的選項。目前獵鷹 9 號火箭一個座位的成本約為 7,500 萬美元，而馬斯克有信心，整個星艦發射的成本將會低於 1,000 萬美元。

星艦將改變一切，但我們大多數人會需要很長時間才能理解這種變化將會有多麼深遠。例如，有鑑於運載火箭的性能和成本，不計價格來優化規模或尺寸，這個策略已經行不通了。忘掉極其複雜、無效率且多餘的太空站吧，理論上，星艦在軌道上就可以無限地補充燃料。星艦裡面裝滿設備和乘員宿舍區，且這裡也就是一個 DIY 的太空站。哎呀，再加上埃及棉的毛巾和一些高雅的品牌，這就是一家太空的萬豪酒店了。只要在星艦上裝載大量的機械，它就可以是一座零重力微晶片工廠。有興趣去月球旅行嗎？當你可以帶上客製化的悍馬車和一些維修設備時，你就不需要量身定制的月球設備了。將悍馬汽車從運載火箭的後方開出來，然後你就可以駕著它到哥白尼環形山（Copernicus crater）去兜風了。約翰迪爾（John Deere）牌的拖拉機有一天可能會用來清除第一個月球基地使用過的地區。星艦將從根本顛覆人類在太空中

的運作方式。

　　星艦已於 2023 年進行兩次試飛，這將進一步消除進入此市場的壁壘，並激發全新應用的開發。太空探索這幾十年來一直停滯不前，但如今，產業的能力正在迅速超越政府的能力。NASA、美國國防承包商和中國等其他主要的市場競爭者，終於被迫要迎頭趕上了。

太空是國際化的

　　讀到這裡，你可能已經發現到這些敘述都採取一種美國人的敘事角度。這反映了這個事實：美國激發了太空經濟，並且至少在目前仍然佔據主導地位。西方世界對於中國的太空計劃了解並不深，但舉個例子，中國衛星網絡集團（China SatNet）這家中國的國有公司正在低地球軌道建立一組由 12,992 顆衛星組成的衛星星系。這是一項為中國人提供寬頻網路存取的重大且認真的計畫，他們將會需要這項服務，因為星鏈在中國被禁止使用。

　　美國和中國合計起來，佔據當今太空經濟市場的 75%，但在全球的其他地方也正在發生令人期待的事情。例如紐西

蘭的 Rocket Lab 和 Equatorial Launch Australia 就是兩家定期將酬載（物資或乘客）送到太空的國際發射服務提供商。發射地點是關鍵要素，沒有任何國家有辦法壟斷理想的條件，但澳洲的阿納姆太空中心（Arnhem Space Centre）擁有「良好的天氣和穩定的高層大氣條件；航空和海運交通量少、地緣政治環境穩定，與後勤基礎設施完善」。每個國家都帶著自己的一些優勢進入這個市場中，本書也會介紹其他國家在太空經濟產業令人期待的案例。太空經濟的故事日益國際化，我們在太空資本的投資也反映了這一點，然而，這個市場還有大量的潛能尚未開發。我寫這本書的部分原因，就是為了激勵每個國家的創業家、投資者和專業人士盡其所能地加入這個市場。我們每個人都有機會參與這個新的市場。

我們在太空資本投資假設的一個主軸，就是我們對太空經濟的定義。我們認為，**任何以某種方式仰賴軌道取用的科技產品或服務，都屬於這一範疇**。我們的定義引起了一些人的驚愕。人們會問，Uber 與外太空有什麼關係？但是，你將

會看到，這是唯一一個能完全獲得平價發射帶來的所有潛力的體系。就像今天的每一家公司其實都是科技公司一樣，明天的每一家公司也都將是太空公司。

我們已經了解了全球定位系統技術堆疊中的基礎設施、傳輸和應用層。全球定位系統的定位信號涵蓋了整個世界，幫助我們導航，而地理空間情報，則透過裝有感測器的衛星，向我們展示我們將在某個地方找到什麼東西，無論這個「某個地方」實際上位在哪裡。地理空間情報的基礎設施公司負責處理衛星，地理空間情報的傳輸公司負責處理數據和提供數據，而地理空間情報的應用，則以日益普及和令人驚訝的方式在使用這些數據。

衛星通訊涵蓋從一個地方到另一個地方的數據傳輸，最明顯體現出這點的例子，就是星鏈的衛星星系，無論是從死亡谷到聖母峰的任何一個地球上的地點，這些衛星很快都將可以提供無線、不間斷、高速的數據存取。當 SpaceX 的星艦發射載具能夠快速發射星鏈 4,000 顆衛星網絡的其餘衛星時，無論你去到哪裡，你將永遠都有良好的信號，讓你隨時可以看 Netflix。

請見圖 1.2：這個表格總結了當今的衛星產業，並簡要地

涵蓋當前太空經濟 90% 以上的產值，光是發射就佔了幾個百分比。第 10 章將探討的新興產業，佔比則不到一個百分比。這兩者都是在太空經濟全貌中重要的組成部分，但在太空資本，我們相信這個三乘三的小表格，將作為理解太空經濟大局的框架，並可用來展望其中的新可能性，而可以經得起時間的考驗。這個模型就是一個強大的思考工具。（表格中的所有公司，都將在接下來的章節中再度介紹。）

圖 1.2 衛星：太空經濟六大產業中最大家的企業

　　諷刺的是，相對於發射技術在其他領域所創造的可能性，發射產業本身幾乎沒有把發射這件事視為一項代表性標誌。就像 SpaceX 的市場價值並非來自其年收入幾十億美元的發射業務，而是基於星鏈的潛力。同樣地，太空站、月球、物流和工業，這四個前景看好的新興產業，目前仍然小到無足輕重。大局是最重要的，而且這個大局確實擴張得非常大。在2021 年，太空經濟佔全球創業投資總額的 3%，並且正在快速成長。

　　我將在下一章更詳細地介紹此衛星科技表格的每一個區塊。與此同時，我希望我很清楚地說明了太空科技正在成為我們的科技基礎設施的基本要素，太空科技就是在所有其他層的下面的那一層，雖然這些衛星其實是以越來越多的數量在我們上空翱翔。太空的可能性是很龐大的，但它們的故事，始終是從地面上開始。

2

點出太空經濟的全貌

了解其生態系統與其中的關鍵競爭者

　　在這章裡，我將為你展示一幅太空經濟現狀的地圖，並讓你看到可能的未來。了解太空經濟的大環境，將幫助你架構和組織在後續章節中所讀到的所有內容。然而，在我們深入探討之前，重要的是要先了解新市場成長週期的一項關鍵要素：拆分（unbundling）。

　　當一家公司試圖推動新科技的採用時，它面臨著「先有雞還是先有蛋」的問題，例如蒸汽動力火車如果沒有鐵軌，就沒有多大用處。電話如果沒有電話線也是同樣道理。那麼，是哪一塊拼圖先出現呢？以及誰將負責建造哪些部分呢？

　　首先，為了推動事情開始發展，某一家導入一項創新的公司，通常會建構能讓這項創新發揮作用所需的所有互補的要素。這種捆綁的科技堆疊（火車、軌道、火車站、鐵路站場、信號設備等等）對於先行者來說基本上是不可避免的障礙，我們可稱之為先行者劣勢（first-mover disadvantage）。建造火車與鋪設好幾公里的鐵軌，是完全不同的兩件事，但同一家公司必須同步完成這兩件事，才能讓這項創新起飛。

　　捆綁的產品和服務，很少能夠達到當每一項產品和服務都有一個專門的組織投入於其中時，該有的那種完善程度。捆綁的產品和服務也無法在每個利基市場有同等良好的表

現。這是一個簡單的分級概念——先行者如果想在競爭對手搶走成果之前先抓住機會，就必須迅速採取行動。然而，當這項創新被大規模採用時，其他公司就可以藉由聚焦於捆綁中的單一項目來進入市場。聚焦讓他們可以比現任者做得更好，或者至少做得不同，例如更符合特定的利基。分拆一組技術堆疊是任何新市場在成長時都無法避免的階段，但它經常受到先行者的遊說努力、貿易團體干擾，其他希望維持控制並壟斷技術堆疊中最有利可圖部分的單位，也會企圖進行阻礙。

全電動汽車的興起，就是一種代表拆分的實際行動。為了讓這些電動車輛完全取代傳統汽車，他們會需要在每條道路上以固定的間隔設置充電站，而不僅僅是在大城市設置策略性的充電站點。特斯拉（Tesla）憑藉其超級充電站（Supercharger station）網絡推動了進展，但是，是獨立的充電站營運商使無所不在的充電服務變得可行，而且具備在短期實現的可能性。

這種拆分的過程，也正在整個太空經濟中發生。在過去，一家地理空間情報公司會在其公司內部處理所有的事務，包括設計和組裝衛星、在軌道上運行衛星、使用自有的衛星地

面站收集數據、將圖像儲存在自己的伺服器中，以及直接將圖像出售給客戶。這樣的捆綁不會留下競爭的空間，也不會激勵公司改善產品，而只能滿足現有客戶，也就是政府機構的具體需求。顯然，一家公司不可能獨自把所有這些事情都做好，更不用說為每個潛在客戶提供同樣良好品質的產品或服務了。

一旦建立了嚴格控制的捆綁，它就會是一條有競爭力的護城河，要進入某個市場就需要建立這樣的綑綁，而這對於新進者來說是很艱難的。前面提到的行星實驗室就首先遇到了這種先行者劣勢。公司的創辦人只是想發射和運行用於地球觀測目的的小型與低成本衛星，但很快就意識到，他們還需要自己的地面站和伺服器。此外，由於他們打算向以前沒有使用過衛星數據的企業出售產品，為產業提供教學也成為了他們不得不做的事。

經過諸多的努力，行星實驗室成功跨越了這一障礙。從那時起，地理空間情報的堆疊就開始拆分。在未來，各家公司將不再需要自己建造一切。新創公司和大型公司都在進入堆疊的傳輸和應用層，這讓基礎設施的公司能夠專注於作為其核心競爭力的衛星製造和營運。

現在你已經了解了拆分的運作原理，以及它為何如此重要，讓我們開始藉由發射來開始點出太空經濟的地圖，畢竟發射是將質量送入軌道的根本挑戰，而且發射是讓所有衛星技術堆疊具備可能性的原因。

發射

當談到外太空時，人們很容易將過多的注意力放在火箭本身。所有這些聲音、光和熱都很難以忽視。但在過去 10 年中，發射提供商僅吸引了太空經濟總投資的 9%。SpaceX 的工程師，以及影響力低於 SpaceX 的 Rocket Lab 和其他製造商所製造的巨型太空船，也僅代表了故事的一小部分。透過急速降低軌道取用的成本，這些公司激發了全球的創業和科技創新浪潮。火箭吸引人之處，就在於它們所帶來的可能性。

SpaceX 的大部分市值並非來自發射業務，而是來自其星鏈衛星網際網路的長期潛力。總有一天，無論是由 SpaceX 還是其他供應商製造和運營的火箭，都將成為易於交易的商品，就如同大量快速移動的低地球軌道衛星將在夜空中無處不在一樣。一場巨變（sea-change），或許可稱之為太空的巨變

（space-change），正在發生。不相信嗎？請想想最相近的科技相似物：貨櫃。貨櫃的完整發展史不在本書討論的範圍，但毫無疑問的是，在 20 世紀所開發出的這種標準的、堅固的、可重複使用的盒子，幾乎可以裝進任何物品，並且可以在火車、輪船和卡車之間無縫接軌地移動，它以難以計數的方式改變了世界的經濟。

在貨櫃出現之前，將貨物裝上船是一項緩慢、困難、危險且昂貴的事業，需要藉由大量的裝卸工人和碼頭工人進行體力勞動。根據凱瑟琳・舒茲（Kathryn Schulz）在《紐約客》雜誌所說，在 1956 年貨櫃時代剛開始的初期「裝載一艘貨船的平均成本為每噸 5.83 美元」，「隨著裝運貨櫃的出現，裝載一艘貨船的平均成本估計下降到了 16 美分」。如今，航運公司在規模驚人的船隻上裝載包括從汽車到椰子的各種物品，並以令人難以置信的速度和最少的人力參與，就可將這些船隻配置到海洋上。從這本書中抬起頭看看你周圍的環境，你會發現自己四周都是貨櫃的證據，從那碗水果，到桌上的電腦，再到桌子本身。哦當然，還有你手裡拿著的書、手機或平板電腦。

像星艦這樣的下一代發射載具，將會對進入軌道的成

本產生類似的巨大衝擊，從而對我們的日常生活造成衝擊並改變我們與太空的關係。運載火箭本身也會變得更加可以信賴——你甚至不會特別意識到它的存在，就像是普通的一座電梯一樣，沒有什麼戲劇性，也很少會有浪費，就只是另外一台工業設備，旨在將重物從某個地方移動到另一個地方。

如今，太空人在大眾的想像中仍擁有著特殊的影響力，但這種浪漫的形象卻只讓人回想起在人類剛開始進入軌道時，展現出的天賦、訓練、勇敢和決心的非凡壯舉。就像是牛仔一樣，太空人神話般的完美形象，也正在步入晚期。隨著已經是由電腦所控制的太空發射變得更加頻繁、常態和可靠，發射進入軌道的戲劇性只會變得像是開車去克利夫蘭一樣。浪漫氛圍可能會延續下去，但就我個人而言，我更感興趣的是去發掘這種轉變將為我們生活的其他各個領域，帶來什麼樣的可能性，而不是沉迷於過去。讓我們看看一些軌道取用已經可以做到的具體範例。

衛星

在天文學和太空探索的歷史中，有一種模式不斷在重複：

某種觀察或發現帶來進一步的洞察，而這種洞察會激發出科技的創新，創新又會孕育出機會，機會會吸引到企業家，而這些企業家又會形成新的市場。從天文航行、鏡頭和望遠鏡，到魔鬼氈、記憶泡綿以及太陽電池板，太空長久以來一直是科學靈感的來源以及科技和經濟進步的驅動力。

今日，得益於前一章介紹的三種衛星技術堆疊：全球定位系統、地理空間情報和衛星通訊，整個太空經濟的創新都在蓬勃發展。這之中，有兩項發展釋放了這三組技術堆疊的消費者潛力：第一項是 Google 地圖，雖然於 2005 年才推出，但已經在我們大多數人的日常生活中發揮著重要的作用。（德克‧羅賓遜〔Dirk Robinson〕是我們的其中一位營運合夥人，他領導的團隊負責了這個非常實用的平台的拓展。）其次，是蘋果在 3 年後推出的 iPhone 3G。這是第一款內置全球定位系統的消費者手機。這兩款產品改變了我們與位置的集體關係，同時催生了 Yelp 和 Uber 等以位置為基礎的服務，也就是價值幾兆美元的產業。

儘管這些工具都花了幾年時間才顛覆市場，但我們現在生活在每一個擁有手機的人隨時都能準確知道自己在哪裡以及要去哪裡的世界，且這也是一個私人公司可以付費瀏覽

相同資訊的世界，無論好壞，這都是人類宏觀大歷史中一個新的發展，而我們也才剛剛開始感受到這些發展帶來的影響。即便如此，另一場規模可能更大的革命即將到來：更安全、更精準的全球定位系統與電腦視覺的相結合，將讓我們可以在三個維度上進行全面的精準定位。這將開啟擴增實境（Augmented Reality，AR）領域的新應用，可能會以我們無法想像的方式改變我們的生活。

在提供以下三項衛星技術堆疊的說明時，我也希望你能受到啟發，了解已經存在的可能性後，你可能會發現一個投資機會、一個新的職業，甚至是其他人從未想過的、只能在地圖上缺失的輪廓中隱約看到其模樣的新的產業類別。

全球定位系統（GPS）

太空和導航從一開始就是密切關聯的。在距離 400 多光年以外，有兩顆恆星繞著第三顆恆星運行。肉眼看來，這三個天體就像一個單一的明亮光點。由於北極星（Polaris）這一個光點幾乎直接位於地軸的「上方」，因此從北半球的角度來看，它似乎是固定在那個位置。至少從古典時代晚期起，

這個向北的標示，就是幫助我們導航的光點。經過一次星體的相撞事故後，這三顆巨大的燃燒氣體球，成為了我們所信賴的北極星。

北極星從來不曾精確地位於北方，它的位置總是相對於地軸而變化。幾個世紀以來，隨著我們對天體力學的理解不斷提升，對於北極星無休止且繞著北極圈畫著小圈圈移動，航海家們的解釋也有了進展。與此同時，還有許多其他恆星被用來作為導航使用，特別是在開闊的大洋上。正是我們對太空的研究，開啟了在全球的貿易和征服。

當然，在今天，用北極星導航已經過時了。我們現在會使用離家更近的天體進行導航：全球定位系統衛星。最初，品質最高的全球定位系統信號只被保留用於軍事用途。出於安全目的，美國政府根據選擇可用性（selective availability）政策降低了民用信號的強度。這種情況在 2000 年 5 月 1 日發生了變化，當時比爾‧柯林頓總統（Bill Clinton）簽署了一項政策指令，為平民提供與美國軍方相同精準度的定位。然而，即使在那時，民用全球定位系統的使用也僅限於那些購買了 Garmin 等公司的全球定位系統接收器的人，通常是司機以及熱衷戶外活動的人，這些熱衷戶外的人會願意購買設備來幫

助長程的背包旅行。隨著 iPhone 3G 的推出，這種情況開始發生改變，然而，iPhone 首創搭載全球定位系統功能對於技術、經濟和文化造成的影響，一開始並未立即顯現出來。隨著時間的推移，全球定位系統的功能也成為行動通訊標準化的功能，而依賴印出來的 MapQuest 地圖指引方向的人也越來越少。使用紙類產品導航這個行為的消失，只是開啟了即將到來的變革。

全球衛星導航系統如同全球定位系統，也帶來了許多深遠的影響——擾亂了整個產業並戲劇性地改變了日常的生活——以至於人們幾乎無法看到它們。對於千禧年之後成年的人來說，尤為如此。全球定位系統是我們生活中不可或缺的一部分。你最後一次真正迷路是什麼時候？你最後一次招手叫計程車是什麼時候？你最後一次與朋友見面時碰到困難是什麼時候？我們現在生活在一個非常不同的世界。

・ 全球定位系統基礎設施

建造和發射全球衛星導航系統衛星的公司，往往都是古板的老字號公司。在美國，洛克希德馬丁公司製造全球定位系統的衛星。在其他國家，全球衛星導航系統的製造商往往

是政府所擁有或直接控制的公司，例如中國的北斗和俄羅斯的格洛納斯（GLONASS）。但是全球定位系統基礎設施領域有一家離群的公司 HawkEye 360🚀，這是一家私人公司，其衛星星系可偵測出無線電頻率的發射。

根據該公司網站的資訊，Hawkeye 360「具有識別和以地理位置定位來自太空的無線電頻率源的獨特能力，揭露了以前看不到的那些世界各地發生的活動的知識」。例如，在俄羅斯與烏克蘭軍事衝突期間，HawkEye 360 的衛星就正面證實了俄羅斯試圖干擾全球定位系統運作。包括 Aurora Insight 和 Xona 在內的其他公司也在開發全球定位系統基礎設施的替代品，這些替代品的目的是要比洛克希德的產品更精準、更安全，與更有彈性。

● 全球定位系統傳輸

全球定位系統傳輸層主要由數十年來都在製造終端機的公司所組成：於 1984 年推出第一台商用全球定位系統接收器的天寶導航，以及麥哲倫導航、Garmin、高通（Qualcomm）和 TomTom。然而，也有新進者正在以創新的方式向應用程式開發人員提供時間和定位數據。隨著全球定位系統數據變

得越來越精準，並開始與無人機和地面感測器收集到的讀數結合，3D 精準地圖和定位將催生出新一代的應用程式。

　　要讓 AR 廣泛被採用，我們會需要能夠減少磨擦，並提升易用性的後端解決方案。紐約市的 echo3D ✎ 為建構 3D AR 體驗的開發人員提供了內容管理的系統，他們位於雲端的軟體能夠讓各家公司跨 AR 平台建構、儲存和提供這些體驗。

　　echo3D 的服務讓開發人員即使在頻寬有限和高延遲的情況下，也可以管理和提供 AR 內容。隨著 AR 成為娛樂、廣告和其他用途日益流行的媒介，echo3D 的平台在透過衛星和地面數據網絡提供沉浸式體驗上，將會扮演關鍵的角色。

　　Cognitive3D ✎ 為提供沉浸式 AR 體驗的另一個關鍵領域提供了一套工具，來幫助應用程式開發人員追蹤人類的運動和行為：人們去了哪裡、他們做了什麼，甚至使用眼動追踪軟體來了解他們在出門的一路上都在看些什麼。對於新的軟體應用程式來說，若想實現將完全互動層與我們對現實的感知無縫整合的承諾，這種高逼真度的追蹤就會是關鍵。

・全球定位系統應用

　　全球定位系統應用層包括了現在家喻戶曉的多家公司，

例如 Uber、DoorDash 以及打造出 Pokémon GO 的 Niantic，
以及其他的位置感知型手機遊戲。全球定位系統的大部分價
值正是在這一層中累積起來的，而其可能性仍才剛開始被探
索。Bliq🚀 和 dataplor🚀 就是在此類別中令人期待的新進者的
例子。

　　加州的 dataplor 會為企業收集並驗證位置數據，然後將
這些數據提供給共乘服務的公司、食品配送的應用程式，以
及其他需要有關任何位置的最新資訊的應用程式。

　　總部位於柏林的 Bliq 則是致力於透過彙整跨平台的數
據，來提升零工經濟（gig economy）供應端的效率。共乘和
食品配送產業效率低下的一項主因，是把精力浪費在將司機
與零工經濟的模式連結起來，這讓即使是 DoorDash 和 Uber
這類主導市場的企業也難以獲利。對於司機本身來說，能夠
快速且簡單地找到新機會是最重要的事情。由於零工的機會
分佈在多個平台上，因此需要有人能夠使用個別的幾個應用
程式，不需要讓這些應用程序之間能夠跨平臺通訊，但需要
能夠追蹤工作的需求。

　　Bliq 讓司機可以快速且輕易地找到在自己鄰近區域的最
佳工作機會，無論是為 DoorDash 送披薩，還是為 Lyft 送客

戶去機場。該應用程式使用其收集的位置和零工數據，引導司機前往需求最大的區域，增加司機的利潤，同時也提升依賴這些司機為客戶提供服務的公司的網絡效益。

Bliq 預估，到 2025 年時將有 1.5 億人在按需求經濟（on-demand economy）中工作。像 Bliq 這樣的決策服務，將在幫助獨立工作者充分利用其寶貴的時間上發揮重要的作用。

地理空間情報

入侵烏克蘭突顯了商業衛星影像不斷成長的能力和重要性。隨著這場軍事衝突加劇，馬薩爾科技（Maxar）、行星實驗室和黑天科技（BlackSky）等地理空間情報公司，不僅向世界領導人提供了重要情資，還讓世界各地民眾也能獲得情報，透過穩定提供現場真實狀況，洗去了俄羅斯的宣傳。

地理空間情報一詞，是由美國國家地理空間情報局（National Geospatial-Intelligence Agency，NGA）於 2004 年所創造的詞彙，用於描述「利用和分析圖像和地理空間資訊，以描述、評估和以視覺化描繪出地球上的物理特徵和地理資訊相關的活動」。當全球定位系統在地圖上定位出你的位置

時，地理空間情報就會補上該地圖的詳細資訊。在未來 5 年，全球的地理空間情報市場預計將從 631 億美元成長到 1,476 億美元。

地理空間情報最初的起源是地圖學（cartography）。在巴比倫，刻在泥板上的地圖描繪了用於城市規劃的房屋位置路線。希臘人則嘗試繪製整個地球的地圖，這項努力在文藝復興時期由歐洲的製圖師繼續進行，並完成了大部分的地球地圖。

在美國，地圖幫助殖民者在獨立戰爭期間獲得勝利，以及對於聯邦軍隊在美國南北政爭期間的成功也有所幫助。但地圖繪製不僅僅是作為軍事規劃使用的工具。在 1854 年，約翰‧斯諾（Dr. John Snow）醫生繪製了調查數據圖，以找出倫敦霍亂爆發的來源，並在此過程中創造出現代流行病學（epidemiology）。

縱觀歷史，更高的有利位置也提升了我們獲得有效洞察的能力。在 1858 年，即照相術發明僅 30 年後，法國攝影師加斯帕－費力克斯‧圖納雄（Gaspard-Félix Tournachon）乘上熱氣球，從巴黎上空拍攝了世界上第一張的空照圖。最後，相機被安裝在風箏和鴿子上，以及幾乎就在飛機剛被發明出

來後，相機也被安裝在飛機上。包括自主無人機在內的飛機，仍然在地理空間情報中發揮著關鍵的作用，但只有衛星才能連續覆蓋甚至是最偏遠的地點。來自多個不同來源和不同類型感測器的地理空間情報數據融合在一起，就可以描繪出地球上任何一個地點極其完整且最新的圖像。

在 2009 年時，有一群科學家辭去了在 NASA 和學術界的工作，然後成立了 Skybox Imaging，他們的目標是打造第一個商業地理空間情報的衛星星系。兩年後，Skybox 聯繫了太空資本的管理合夥人湯姆．英格索爾，就公司的發展尋求幫助。為了在不依賴政府合約的情況下做到這一點，Skybox 會需要在私人部門找到大客戶。碰巧的是，其中一家最大的客戶很快就來接觸他們了。

「Google 對我們說，『如果你們能取得一定品質的圖像，我們就會買你們能取得的所有圖像』」，英格索爾告訴我。「我們要求他們提供圖像的範例，所以他們給了我們一張在華盛頓特區的國家廣場海報大小的照片，以及他們想要的逼真度、對比度和其他要求的要素。那張我們稱之為『客戶可接受的圖像』的海報就掛在牆上。每一週我們都會召開一次會議，看看我們距離產出這種品質的圖像還有多遠。」

只要有一個要射中（shoot）（和「拍攝〔shoot〕」雙關）的目標就可以推動進步。當一座 Skybox 的衛星傳送出與海報的參數相符合的圖像時，與 Google 的業務關係突然發生了變化。「『哦！糟糕了』，他們意識到，『這是玩真的』，」湯姆回憶道。於是兩方開始進行收購的討論，而在 2014 年，Google 以 5 億美元收購了 Skybox。這是當時為止，在太空經濟中最大一次成功退場的創投資助公司。

英格索爾說：「這次的出售是因為數據的品質、那套系統和我們所建立的團隊而推動的，Google 並不是在收購一家企業，他們買的是一種能力。這就是為什麼我總是告訴創業家，『缺乏執行力的願景，就只是幻覺而已』。Skybox Imaging 之所以可以售出，是因為我們不僅僅是在談你可以做的所有這些很酷的事情，我們實際上也在執行，這是根本上的區別。」現今，Google 買下的 Skybox 硬體（現已歸行星實驗室所有）繼續向地面發送大量高品質的地球觀測圖像。

Skybox 帶起了一波新的公司風潮，它們盡可能使用現成的零件來打造衛星的方法，代表了異於傳統方法的巨大轉變：更快、更便宜、更有效率。如今，商業化地理空間情報的創新，仍在以驚人的速度發展。

地理空間情報整體上的複雜性，例如比較不同感測器技術的優勢，都超出了本書的範圍，且這也不是重點。在數位相機的早期發展階段，新的設備不斷持續地湧現，這讓數位相機拍出的圖像解析度越來越高，而其他的技術也同樣有所改善。地理空間情報也正在經歷類似的快速進展期。創新不僅體現在空間解析度（spatial resolution），意即可以將多少細節壓縮到單張圖像中；還體現在時間解析度（temporal resolution），意即每個區域成像的頻率；以及光譜解析度（spectral resolution）和輻射解析度（radiometric resolution），意即衛星可以探測到的那些電磁輻射種類以及精準的程度。

這些創新的每一個領域，都為某些使用案例帶來了優勢，但我們仍處於地理空間情報的早期發展階段。每天拍攝整個地球表面的影像，這個簡單但特別的壯舉，是行星實驗室多年來一直在做的事情，而這只是一個開始。事實上，收集數據還只是地理空間情報挑戰的其中一個部分。儲存和傳輸所有這些衛星生成的數據，本身就有其困難性。如果你曾經費盡心思整理一大份龐大的家庭照片收藏，那麼，只要將其乘上地球的規模和一系列電磁頻率，你就會對這件事牽涉的規模有多廣有個大概的概念了。安全地儲存所有這些數據，並

使其易於軟體應用程式取用，與建構更智能的衛星同樣地重要且有難度。

　　即使在 2016 年時，像 DigitalGlobe 這樣握有當時最大的商業圖像檔案的傳統地球觀測供應商，仍然還未採用雲端運算，這代表著他們的所有數據仍然被鎖在實體的伺服器中（在 2017 年時，地理空間情報的重量級公司 MAXAR 收購了 DigitalGlobe）。而對客戶來說，要查找和購買特定的衛星圖像也是一個困難、官僚且昂貴的過程，這大幅限制了潛在的市場。

　　在雲端數據改變其他數據驅動的產業很久之後，地理空間情報仍然固守成規。為了向小型客戶和新的應用開放所有這些有價值的數據，DigitalGlobe 最終採用了 Amazon 的「Snowmobile」服務，將以 PB（每 PB 等同於 100 萬 GB）計算的高解析度圖像從其伺服器移動到亞馬遜雲端服務（Amazon Web Services，AWS）上。這些數據不是透過普通的網際網路連線將所有的數據傳送到 AWS（這樣的過程會需要數月時間），而是透過電纜將數據傳輸到裝滿硬碟的特殊重型貨車上。

　　關於這趟「數位高速公路」的故事，就說到這裡。

• 地理空間情報基礎設施

如今，各種各樣的地理空間感測器平台正在善用新一代的低成本零件以及商品化儲存和運算的興起，來捕捉不同軌道上的數據。地理空間情報的基礎設施層包括了馬薩爾科技和行星實驗室這兩家公司。

我們在第 1 章提到的芬蘭的 ICEYE，是使用演算法來區辨衛星圖像中的道路，並將該數據整合到導航系統中，而無需經人工解讀。與依賴傳統光學感測器的行星實驗室不同，ICEYE 使用合成孔徑雷達（synthetic aperture radar），可在夜間和任何天氣條件下運作。

加州的 Muon Space[🚀] 則正在開發一組非常有野心的衛星星系，採用前所未有的精準度，來收集用於氣候變化建模的專門性科學測量數據。越來越顯而易見的是，透過人工智慧來解析的衛星圖像所帶來的洞察，將成為幫助緩解氣候變遷的一個重要工具。氣候是一個複雜且動態的系統，且直到最近，氣候數據的收集仍非常不一致而無法建立最有用的圖像。Muon Space 是其中一家企圖改變這種狀況的公司。如果我們要正面解決氣候的問題，我們就需要對氣候問題有更好的了解。

同樣地，加拿大的 GHGSat[*] 使用衛星加上飛機感測器的組合，來追蹤溫室氣體以及其他自然和人工的排放。該公司的演算法則是將這些原始數據，轉化為可用於監管目的的有用解析。

從歷史上看，能源產業在採用監測科技方面進展緩慢，這類的科技可以在瓦斯礦井一洩漏和其他排放源的排放一發生時，即立刻找出源頭，避免讓幾百萬噸的二氧化碳、甲烷和空氣污染物排入大氣中。GHGSat 的解決方案成本效益比高，代表著能源公司和監管機構都可以快速發現並解決排放源問題。

• 地理空間情報傳輸

雲端服務、人工智慧和機器學習，加上更強大的 API 和軟體開發套件，讓一般的軟體開發人員也能將地理空間情報數據融入現有的工作流程，而這正在將地理空間情報數據帶入主流。地理空間情報堆疊的傳輸層包括 SkyWatch[*] 和 Rendered.ai[*] 等新創公司，以及 Amazon、Google 和 Microsoft 等大數據的巨頭。

SkyWatch 是一家加拿大公司，開發了專門的地球觀測

平台，提供快速、簡單且經濟實惠的地理空間數據取用。透過為應用程式的開發人員提供地球觀測數據的現代化應用程式開發介面（application programming interface，API），SkyWatch 可以快速將數據提供給軟體應用程式。太空資本之所以投資 SkyWatch，是因為其執行長詹姆士・斯利佛茲（James Slifierz）和他的團隊最終為地球觀測數據創造了一個真正的市場，消除了進入更廣泛技術生態系統的障礙，讓地球觀測數據能夠以新的方式被好好利用。正如同全球定位系統的傳輸公司讓位置資料得以在商用軟體中被使用一樣，SkyWatch 等公司也將讓一系列基於地理空間情報的新應用成為可能。

將地理空間情報數據融合在一起時，效果是最佳的，因為每種類型的感測器數據都有其獨特的優勢。SkyWatch 的客戶可以將來自不同供應商的所有數據彙整在一起使用，而不是透過在一個地方調用傳統衛星照片、在另一個地方調用合成孔徑雷達數據，又在另一個地方調用無人機的影像，然後在心裡形成對問題的全面理解。這讓 SkyWatch 的客戶可以產出更快且更有用的解析。

使用人工智慧解析衛星影像的挑戰之一，是任何人工智慧都會需要接受大量數據的訓練才能提升其解析能力，但是

使用真實的衛星資料來訓練人工智慧既昂貴又復雜。總部位於華盛頓州柏衛的 Rendered. ai，可透過程序性模型生成景觀、植被、建築物、水體和城市。這種合成衛星圖像的數據，讓數據科學家和軟體工程師能夠打造出更聰明的人工智慧，來處理真實的地球觀測圖像。Rendered.ai 所傳輸的數據並非真實的數據，但它在地理空間情報堆疊中提供了真正的價值。

● 地理空間情報應用

作為一位投資人，我對地理空間情報的應用層感到非常期待。雖然這個領域相對較新，但該領域具有龐大的未開發潛力。直到最近，地球觀測數據都還是屬於政府、軍隊和學術界的領域。現在，像 SkyWatch 這類的公司讓軟體開發人員能夠將這些數據整合到日常的應用程式中，其可能性是無限的。

現今在農業、保險、建築業和金融服務等價值幾兆美元的全球產業中，有許多以創業投資規模在經營，且基於地理空間情報的商業模式正在被建立起來。看到這裡即將出現的市場潛力，我想起了 iPhone 3G 推出後定位的服務興起。Regrow⚲ 和 Arbol⚲ 等公司已在這方面有所進展。毫無疑問，

這一層與衛星表格中的任何的其他層,同樣都具有改變世界的潛力。

紐約市的 Arbol 公司的執行長悉達多‧賈(Siddhartha Jha),希望透過將最先進的衛星天氣數據導入一個保險交易市場,來消除為受天氣影響的企業提供保險所面臨到的資訊不對稱和管理成本。極端氣候是在這個星球上的主要風險來源,而且由於氣候變遷的影響日益加大造成了龍捲風和颶風等突發天氣事件,讓這種風險正在穩定地升高。

無論如何,極端氣候都會以某種方式對地球上每一家企業的經營造成威脅。Arbol 的天氣保險交易市場,讓能源和農業等產業的客戶,能夠根據可驗證的客觀指標透明化地為自己投保:例如降雨量的年度偏差或極端溫度。如果滿足了某一項客觀的指標(例如,如果某個農業區的溫度達到事先指定的高溫而會損害某種作物),則投保的公司將自動收到理賠金額。有了 Arbol 的交易市場,就無需與保險理賠員爭論或是處理神秘的行政流程。Arbol 透過提升效率和降低成本,來為幾百萬家的小型企業提供服務,這些企業在此前因這類保險的價格太高而被排除在保險市場之外。

隨著氣候變遷加劇與全球人口持續成長,精準農業

（precision agriculture）將補足基因工程和增加種植面積等現有策略的不足之處，以滿足不斷增加的糧食需求。地理空間情報公司所收集到的數據，是幫助農業更快適應變化以確保糧食供應的關鍵。

在 Regrow 背後的包括科學家和軟體開發人員的國際團隊，其總部是位於澳洲，而澳洲也經歷過太多破紀錄的天氣事件。Regrow 使用衛星圖像與物聯網（Internet of things，IoT）感測器數據融合，產出前所未有的細節資訊來追蹤作物，幫助農學家做出更好的決策。

舉例來說，Regrow 幫助撒哈拉以南的非洲農民，根據天氣、土壤條件和其他因素優化作物的品種和種植位置，進而在一個充滿挑戰的農業環境中也能夠最大化提升產量。透過將大量的地球觀測和其他數據倒入其複雜的作物模型，即使當地面的條件繼續挑戰傳統的農業智慧時，Regrow 仍能幫助農業以更簡單的方式提升其產量。

衛星通訊

太空的第一個商業用途，是用於廣播和電信，這並不奇

怪。因為在地球表面，要將電磁信號，無論是一通電話或是一個廣播節目，要從一個地方發送到另一個地方都是一項困難且昂貴的工程挑戰。隨著距離的增加和地形的變化，要能夠成功傳輸信號，就會需要越來越多的基礎設施，同時也帶來了龐大到難以想像的技術挑戰。地球並不像從軌道上往下看所看到的那樣平整。所有這些山脈和低谷都會以某種方式阻礙清楚的信號，需要大量的資本投資和無止盡的設施維護。即使在今天，在偏遠或農村地區的大量人口，仍無法獲得我們其他人已視為理所當然的高速網際網路連線。

所有這些問題，在地球表面上都是無法避免的。在軌道上，將某個電磁信號從一顆衛星成功傳輸到另一顆衛星的關鍵，就在於「對準」。

英國科幻小說作家亞瑟・C・克拉克（Arthur C. Clarke）因《拉瑪任務》（*Rendezvous with Rama*）等獲獎小說以及與史丹利・庫柏力克（Stanley Kubrick）共同撰寫《2001 太空漫遊》（*2001: A Space Odyssey*）的劇本而聞名。他同時也被認為是第一個設想使用地球同步衛星，也就是在地球表面上方所指定的一個地點維持固定位置的衛星，來作為信號傳輸中繼的人。

克拉克在 1945 年的一篇文章中提出這個假想：「有一顆

距離地球正確距離的『人造衛星』，將每 24 小時就會繞著地球公轉一圈；也就是說，它將穩定位於地球的同一個地點上方，並且從將近一半的地球表面往上看，它都在視覺範圍內。以三個中繼的太空站，在正確的軌道上各自相距 120 度，就可以為整個地球提供有效距離的電視訊號和微波。」克拉克的文章展現了非凡的遠見，因為第一枚進入軌道的火箭在他撰寫本文的前一年才剛發射。

　　如同克拉克所指出的，要開發地球同步衛星所需的所有科技，早在 1945 年時就已經存在。然而，直到 1965 年，一項國際性的聯合計畫，才真正將第一個此類的中繼站送入軌道。Intelsat 1，又名「早鳥（Early Bird）」，是小型地球同步通訊衛星網絡之中的第一顆衛星，北美和歐洲播送了它在 1969 年時登月的事件。

　　如果你可以將一顆衛星定位在赤道略高於平均海平面 3 萬 5 千公里的位置，那麼它將以地球的自轉速度運行。就操作上來說，與地球同步的軌道運行使事情變得簡單，但它也有一個缺點。因為即使對於光來說，3 萬 5 千公里也是一段很長的距離，而會在信號中造成微小但明顯可見的延遲。這對於單向的衛星電視來說不是問題，但它可能會在雙向的電

話通話中造成令人不安的延遲。像 Iridium 這類的衛星電話提供商，則將他們的電信中繼器放置在低地球軌道上。較低的軌道就會需要每顆衛星在離開客戶的視野之前，將呼叫無縫地移交給其他衛星，就像當客戶沿著高速公路行駛時，手機的基地台會將呼叫移交給其他基地台一樣。雖然使用較低軌道的後勤管理比較困難，但它們為衛星電話客戶提供了與外界聯繫或是聯繫到某人更好的方式。

• 衛星通訊基礎設施

　　衛星通訊的基礎設施公司已經存在了幾十年，但像是 Viasat、Iridium 和盧森堡的 SES 等這些相對保守的老牌企業，正面臨著 SpaceX 的星鏈、OneWeb 和亞馬遜的 Project Kuiper 所帶來競爭。以 Project Kuiper 來說，其預計打造的衛星星系「旨在為未獲得服務和服務不足的地區，提供快速且可負擔的寬頻」。接下來，亞馬遜只剩下弄清楚如何為所有這些新的 Prime 會員提供當日到貨的服務。

　　我們已經在衛星通訊上看到有幾十億美元投資於其基礎設施，並預計在未來十年內有幾十億美元會投入這個領域，這將讓衛星通訊可以為所有人提供無所不在、全球性與高速

的連接，其應用將涵蓋包括從電話連接到物聯網，再到網路安全的整個科技產業。

● 衛星通訊傳輸

衛星通訊堆疊的傳輸層主要都是關於地面站、天線和終端機，也就是將數據透過衛星上上下下傳輸。在此堆疊中，基礎設施和傳輸之間的界線可能是很模糊的。有一些衛星通訊的基礎設施公司，如星鏈和亞馬遜，是「全端（full stack）」的公司，這代表著他們擁有或正在開發自己在地球上的硬體。然而，這種區別也並非完全固定不變。星鏈擁有自己的地面站，但微軟也將星鏈的數據直接導入到其 Azure 雲端，時間會證明哪一種衛星通訊數據傳輸方法對於每一個使用案例來說最具有意義。其他在衛星通訊傳輸層營運的其他競爭者包括 ALL.SPACE*、Krucial* 和 K4 Mobility*。

ALL.SPACE 這家英國公司正在開發與下一代衛星連接的終端機，無論其運行軌道或提供商是誰。這些通用的終端機將為地面和衛星的數據網絡提供一開箱即可使用的連接服務。由於大多數現有的終端機都搭配單一軌道上的衛星或是由單一提供商所建造的衛星，因此 ALL.SPACE 以其新穎的產

品獲得了多項軍事和政府合約，也就不足為奇了。隨著越來越多的衛星通訊星系上線，能夠跨多個軌道和提供商，以無縫發送和接收數據的能力，將變得舉足輕重，這就如同現在的現代手機，也應該要與世界各地不同類型的行動電話基礎設施能夠配合使用一樣。

　　即使在今天，全球仍有 90% 的地區缺乏可靠的蜂巢式網路。偏遠、不堪居住和交通不便的地區，也包括世界上的海洋，遍布著需要持續監控和維護的高風險基礎設施計畫。例如，想想看有助於確保世界糧食供應的巨大水產養殖場。蘇格蘭的 Krucial 公司即製造出耐用且防水的衛星發射器，可以與海洋學設備的感測器配對，自動將鹽度、溫度和其他關鍵測量值，發送到數千公里外的追蹤站。Krucial 的全天候、電網獨立與一站式的設備，可為幾乎任何追蹤的目的提供彈性的終端對終端衛星數據傳輸，而它們有越來越多被部署在礦山、油田、地熱發電廠，以及位於鐵路和其他公共設施等關鍵基礎設施的附近。

　　如果你不在家的時候，會使用 Ring 的安全系統來監控你的家，你就會了解為這些價值數十億美元的實體設施裝設相似預防措施的價值了。在幾年前，才發生一列火車在蘇格蘭

高地行駛到 S 型轉彎時，碰上土石流然後脫軌的意外。在策略性的地點以雷射感測器瞄準鐵軌，搭配上 Krucial 的發射器，就可以在事故發生的很久之前，先標記出土石流。

無論客戶身在何處，都將能夠以越來越簡單且成本越來越低的方式連接到雲端，而新的使用案例也會因此越來越多。K4 Mobility 設計了一套巧妙的解決方案，為個人和從攝影鏡頭到自動駕駛汽車的物聯網設備，提供永遠在線上、無所不在的數據連接。K4 的軟體會自動識別範圍內最佳可用的數據網絡，無論是無線或衛星，並不斷在數據頻寬需求與價格之間找到平衡，而所有的這些，都不需要人為介入。

• 衛星通訊應用

到目前為止，衛星電話的擁有和使用成本仍非常昂貴，以至於很少有人擁有衛星電話，這很大幅度地限制了新的應用的市場。在未來幾年，創新將會讓衛星通訊的堆疊拆分，其市場也將會成長，而其可能性也會以倍數增加。即將出現的發展領域也會包括海運（最近，星鏈開始為船隻提供高速且低延遲的網際網路使用）以及航空和自動駕駛汽車。在未來某一天，在地球上任何地方的高速網際網路使用會帶來哪

一些可能性，這還有待我們觀察。

將堆疊整合在一起

融合會創造出機會，而融合創新的一個例子，正在地理空間情報、全球定位系統、人工智慧和機器學習的交會點上醞釀。

有些範圍很大的土地，尤其是在低發展國家中的土地，其地圖仍然未被完全繪製出來。雖然有大量的地球觀測數據，但是我們仍然缺乏地球上每一條道路的完整且準確的資訊，這包括從每一條道路的起點和終點，到當前需要修繕與否。即使人類的文明能夠維持足夠長的時間，讓我們可以更新所有的全球定位系統數據，然而一旦我們重新開始四處奔走，地圖和它所描述的地球的 1 億 5 千萬平方公里土地之間的有效性，就會再次開始降低。即使是現在，新的道路和現有道路的更改，也會可能需要花上幾個月甚至幾年的時間，才能讓這項資訊從現實世界進入試圖描述道路的資料庫中。

行星實驗室正在使用演算法從衛星圖像中自動辨識道路，並將這些數據整合到導航系統中，而無需透過人工進行

解析。很快的，我們將能夠擁有可信任且有著地球上每條路徑的完整的最新地圖。現在，行星實驗室和其他公司正在提升我們的地球觀測數據的「時間」解析度（每個區域成像的頻率），並將其與來自無人機和地面感測器的數據相融合。這套方法有望產出準確且最新的交通、事故和能見度數據，幫助駕駛安全地操作車輛以及引導自動駕駛車輛。此外，這項技術還有助於追蹤暴風雨、洪水、火山爆發和地震等災害的發生。

　　新冠病毒大流行也突顯了全球的供應鏈變得有多脆弱。雖然我們的科技極其進步，但只因為引航員的失誤就讓蘇伊士運河完全被堵塞，導致船隻滯留數週，讓本來已不穩定的局勢更加惡化。看著世界上最大的船運公司 Maersk 及其競爭對手費力地將貨物從一個地方運到另一個地方，這就是在赤裸裸地提醒我們，現代生活如何依賴著在大海另一端的礦場、農場和工廠。如果我們希望恢復供應鏈的強韌，更完善的資訊將會是關鍵。

　　透過為船運公司進行變化的檢測和遠程監控，行星實驗室及其競爭對手以依照需求提供關鍵數據的方式，幫助船運公司確保全球貨物的穩定流動：有多少艘船在洛杉磯港口，

又有多少艘船正等著要出發？今天有多少艘船從上海離岸？
過去一個月有什麼值得注意的趨勢嗎？這類數據對於託運公
司來說如同黃金，對於政府當局和貿易團體要追蹤的目標，
包括海盜、非法傾倒、過度捕撈的一切行為，也都很有幫助。

在陸地上，農業公司可以用前所未見的詳細程度收集農
作物和農地的數據，這幫助他們更有效地配置水和肥料，並
在世界各地的貨架銷售一空之前的很長一段時間，就能預測
到農作物短缺和其他的問題。之所以能夠做到這樣，不僅是
因為衛星，還因為我們可以將來自衛星的數據，與來自載客
的客機、無人機和地面感測器的數據融合在一起，然後創造
出清晰度驚人的圖像。

將 3D 的精確位置資料與電腦視覺相結合，將得以實現
包括高度沉浸式 AR 體驗在內的新應用。雖然這聽起來仍然
像是科幻小說的內容，但像是預期中的蘋果 realOS 產品這類
的 AR 眼鏡，就可以將虛擬的圖像層融入我們對現實世界的
感知中。如果你在過去幾年中有觀察過在電視轉播體育賽事
時，沿著體育場牆壁投放的虛擬廣告，你就知道這種整合可
以多麼地無縫接軌，而與此相同的經驗，也將比你所想像的
更早進入你的個人視野中。

　　沒錯，這代表著你可以預期客製化的廣告會在你附近的牆壁上和其他表面上彈出，這些廣告是因為你接近了地理圍欄（geofencing）而觸發的。每一個表面都有可能成為廣告看板。而且，你還可以一瞥就取得一組便捷的資料，從包括預警的導航，到在你所感知的環境中發生的全面性虛擬互動。想像一下孩子們在客廳和祖母一起玩耍，雖然她其實人還在佛州，或者在你的廚房餐桌上進行互動逼真的立體工作會議。再也不需要忍受尷尬的 Zoom 網路會議了。

新興產業

　　太空站、月球、物流和工業，是太空經濟中的四個新興產業，而媒體對它們的報導相對於其實際的承諾和影響力，卻是不成比例地浮誇。過去十年來，在這四個領域的投資額，都是相對較少的，只有 27 億美元。而雖然太空經濟的大部分投資資本都投入在衛星和發射上面，但我們也開始看到企業的創辦人圍繞著從包括商業太空站到月球運輸服務等有野心的新方向，在籌集資金並建立企業。

　　太空經濟年復一年創下新的紀錄，光是去年一年，所有

太空技術層的投資就達 463 億美元。光基礎設施這個領域就吸引了 145 億美元的投資，比 2020 年所創下的紀錄又高出 50% 以上。然而在這些資金之中有大部分在追逐的解決方案，都是以已有 10 年歷史的獵鷹 9 號的發射模式為基礎。若是展望星艦的未來，以及展望星艦以外的其他領域，你就會看到以全新的方法建構和經營太空的資產，以及背後所蘊涵了龐大數量的機會。

隨著星艦啟用在即，我們也正邁入基礎設施開發的新階段。星艦有望成為一套完整且可快速重複使用的運輸系統，可用於將船員和貨物運送到地球軌道以及月球、火星和更遠的地方。星艦能夠在 1,100 立方公尺的空間內運送 100 噸的貨物而僅需要燃料的成本，它將徹底改變我們在太空中的運作方式，並推動這四大新興產業的發展。

在第 10 章中，我將仔細檢視太空站、月球、物流和工業產業，並探討它們令人驚訝的潛力以及破除一些迷思。

透過太空經濟的觀點來觀察這個世界的意義，在於注意到還缺了哪些東西，以及看到已經存在的東西。我們正處於科技創新和契機的新 S 曲線的分界線上，而這一反曲點的影響，才剛剛被我們感受到。希望你在本章中所發現的缺口可

以成為未來的機會,尤其是新的新創公司的機會。這也將帶我們進入下一章,我們在下一章會認識到一些太空經濟領域最有雄心壯志與最善於創新的企業家,並從他們那裡獲得得來不易的見解和經驗教訓,透過他們的分享,了解該如何打造一家未來的公司。

3
不只是執行長
還是軌道長

在太空經濟創業的概況

　　如果你是這個產業的專業人士，抑或你只是某位感興趣的旁觀者而關注著商用太空產業的發展，那麼你很可能已經熟悉本書所介紹的一些公司和企業家。然而，我們大多數人只是在主流媒體上一瞥當今蓬勃發展的太空經濟，而並未意識到正在發生的驚人進展。因此，在本章中，我希望能夠改善這一點。

　　毫無疑問，商業記者已經比 5 年前更關注現在進入軌道的事物。然而，即使是在科技媒體上，媒體的焦點大部分仍是聚焦在 SpaceX 上。原因很明顯：一家私人公司正在將客戶送上太空，這在不久前還是只有政府單位才能做到的事情。更值得注意的是，這家公司的野心一直延伸到火星以及更遙遠的地方。

　　話雖如此，商業發射產業只是太空經濟的「方式（how）」，而目前更有趣的是其「事物（what）」和其「原因（why）」：現在，既然小公司和新創公司也都可以使用軌道，世界各地的傑出技術專家和企業家將會如何利用這個機會呢？

　　在這章中，我將分享我與幾位公司創辦人的精彩討論，他們都來自在太空經濟領域中令人期待的公司，主要都是在

衛星產業內的地理空間情報堆疊內。我希望，看到他們的服務以令人驚訝和有價值的方式彼此互補，將幫助你理解和讚賞這個豐富而動態的生態系統的可能性。

當我們認識了其中一些關鍵的人物並了解他們的故事後，我們將在後續章節中聽到他們更多關於太空經濟的公司所面臨的具體挑戰的建議。現在，讓我們先看看他們都在做些什麼事情。

行星實驗室：地球的真相

行星實驗室是在地理空間情報堆疊中的一大支柱，其創新的CubeSat微型衛星在2010年代初期徹底顛覆了地球觀測，這家公司並於2021年底時上市。自2017年以來，行星實驗室的鴿子（Dove）衛星至少每天都會捕捉一次地球表面每一塊地面的圖像。

行星實驗室擁有近500名員工，和在軌道上的200多顆先進的成像衛星，在太空經濟的新進者中，是一家相對大型的公司。如前所述，龐大的衛星是過去主流的典型模式。在行星實驗室之前，其中的某一顆衛星（你可以想成是一座在

外太空的大型主機），可能會讓你有機會每隔幾週就拍攝特定坐標的影像。如今，受益於小型化和平價的發射等因素，行星實驗室已經用感測器覆蓋了整個地球。現在的時間解析度，意即拍攝圖像的頻率，比過去都還要高得多，客戶可以追蹤到地球表面的一點一滴變化，這樣的能力有助於不斷擴大的應用範圍。

羅比・辛格勒（Robbie Schingler）是行星實驗室的策略長。在與 NASA 的前員工一同創立行星實驗室之前，辛格勒曾擔任 NASA 首席技術專家鮑比・布勞恩（Bobby Braun）的幕僚長。在布勞恩的帶領導下，辛格勒幫助開啟了 NASA 的太空技術（Space Technology）計劃。

「我希望它像是一個創業投資基金一樣，」辛格勒告訴我。「在技術成熟度的光譜上，你應該要有不同的計劃。在成熟度低的那一端，是許多預算很少的公司。在成熟度高的那一端，則是有一些發展更成熟且預算更多的公司。這樣你就可以儘早承擔風險，在失敗中前進，並為最終可實際使用的技術創造出管道。」

辛格勒繼續說道：「然而，身為選拔委員會的一員，我覺得我只在同一些競爭者那裡看到了相同的使命。我們就

是還沒有能力從採取不同方法的新人那裡獲得創新。」對產業現狀的失望刺激了辛格勒和他的共同創辦人自己踏入私人部門的領域。「小子，」辛格勒心裡想，「這沒有那麼難。它只是一個機電設備。我們可以用不同的方式來打造這些東西。」

在 SpaceX 出現之前，質量的限制對太空科技發展所造成的影響，比其他任何的因素的影響力都高。一艘太空船的發射成本高達 15 億美元。將 1 公斤的物品放到太空船上送入軌道（像是：1 公升的水、1 個烤麵包機、4 個中等大小的馬鈴薯）會需要花 54,500 美元。考慮到這個時代的傳統衛星的尺寸和重量，通常如一輛校車那麼大且重達數千公斤，你就可以開始理解每一個設計決策背後的思維了。而多虧了 SpaceX，成本才得以下降，可重複使用的第一級火箭，使進入太空的每公斤成本便宜了好幾倍。

除了降低發射成本之外，還有另外兩項趨勢為行星實驗室創造出機會：首先，在消費電子設備需求的推動下，出現了更便宜、更強大，且更堅固的電子零件——收音機、電池、感測器等。其次，是雲端運算的興起。「隨著這些趨勢的匯聚，」辛格勒說，「我們認為我們可以改變太空的經濟。」

在 2011 年，辛格勒和他的共同創辦人雙雙離開了
NASA，他們的目標是要打造「這個行星的公用事業」。這個
地球觀測的衛星網絡，將透過傳遞「關於地球的真相」來加
速「全球經濟轉型為永續性經濟」。從某些方面來說，行星
實驗室的時機點算是抓得非常好，但我們之前也探討過的，
它的創辦人仍面臨著意想不到的「先行者劣勢」。如果你無
法將衛星數據提供給客戶，那麼衛星就沒有什麼用處。行星
實驗室原本希望與業內現有的公司合作來實現這一目標。然
而公司的創辦人發現，將數據傳輸到地表並不像是租用別人
地面站的停機時間那麼簡單。

　　「『讓我們看看，』他們告訴我們，『這麼多的衛星，
這麼多的傳輸，每一次傳輸需要這麼多的錢。這樣算下來是
每年 2 億歐元。』」地理空間情報堆疊中的定價模型，根本
就不是為行星實驗室的使用案例所設計的。這家公司必須打
造出自己的地面站。辛格勒說：「現在，我們在全球各地有
48 個地面站，每天傳輸 30 TB 的數據，我很樂意將它們賣給
能夠不斷升級它們，並使其價格降低的人，從而降低我的風
險。但即使在今天，使用地面站的成本仍然比我們當前的成
本高出 4、5 倍。所以我們仍在部署更多新的地面站。」

　　打造自己的全球地面站網絡，只是行星實驗室在起步階段所面臨意想不到的障礙之一。

　　「為了打造我們的第一顆衛星，我們需要一台無線電裝置，」辛格勒說。「我們可用的零件是大學用的零件組：性能低，且根本沒有用。你能買到的最小的 S 波段無線電裝置，是我們整個衛星大小的三分之二，而費用是 50 萬美元。」因此，就像地面站一樣，行星實驗室也必須自行打造所需的這些設備。

　　對於任何新的領域之中最早的創新者來說，這類的問題都很常見。雖然克服這些問題非常困難，但若是能夠成功做到這一點，就會像是為公司建造了強大的防禦護城河一樣。辛格勒說：「我們花了兩年的時間打造無線電裝置，但這是我們的智慧財產權（IP），而且具備驚人的無線電傳輸能力，現在在市場上，沒有任何類似的東西。導致我們放緩進入市場的因素，最終卻成為了一項差異化因素。」

　　如今，行星實驗室為 40 多個國家的 600 位客戶提供地理空間數據。其數據被使用於農業、政府、能源、環境保護，以及更多的其他領域。行星實驗室現在是商業化地球觀測領域公認的產業龍頭。「幫助我們保持領先地位的，是一顆發

出強烈光芒指引著我們的北極星，」辛格勒說。「關於我們
正在做的事情和為什麼我們要這樣做，我們是有一個使命感
在的，我們也以這個使命為中心去設定產品原則。就像在登
山時為自己設定一個標的物一樣，這可以幫助你在創作這門
藝術中轉向、搖擺和迂迴前進時，不至於迷失方向。」

Violet Labs：打造適合這項工作的工具

　　毫無疑問，行星實驗室在太空經濟中是一家主要的競爭
者，但在光譜的另一端，有許多前景看好的新創企業也正在
崛起。

　　露西・霍格（Lucy Hoag）是 Violet Labs[*] 的共同創辦人
兼執行長，這家新創公司基於雲端的軟體，讓硬體的工程流
程變得更容易且更高效。我們是 Violet Labs 在種子輪的主要
投資人，讓我們做出這個選擇的首要原因是創辦團隊的素
質和經驗。霍格和她的共同創辦人凱特琳・科特斯（Caitlin
Curtis）都是工程師，在為 SpaceX、Google、Lyft、Amazon 以
及 DARPA 等公司打造太空船、發射載具、自動駕駛汽車和
無人機方面擁有豐富的經驗。現在，她們正在改善在太空經

濟及其他領域的硬體工程師所使用的工具。

「在打造出這些精彩且令人興奮的產品之後——老實說，不會有什麼比著手打造一輛自動駕駛汽車感覺更好的事情了——它已經變得不再有趣了，」霍格說。「這件事的效率非常低，這讓事情開始變得痛苦。」

這是複雜硬體計畫常見的打造方式，除了單調冗長、挫折沮喪和缺乏效率之外，這個過程還沒有必要地特別容易出錯。「這個過程需要這麼多的手動數據交換，……由一個人在這麼多不同活動的循環中負責計畫，」霍格說。霍格和科特斯是在亞馬遜認識的同事，他們經常假設有某個新工具，可以讓他們的工作再次變得有趣和令人興奮。雖然兩人之前都沒有創辦過公司，但他們還是對於建立某種東西來解決她們作為工程師所經歷的所有惱人問題的這個可能性，感到很期待。

「凱特琳和我想打造出我們真正想要的工具，」霍格說，「但對於哪種解決方案是解決問題的最佳方案，我們卻持有不同的看法。」然而，經過「一些腦力激盪」後，她們兩人想通了：「我們可以打造出某一個單一的工具，來解決從搖籃到墳墓的整個硬體的開發生命週期，這是一套中央的儲存

機制，可以從我們已經使用的所有不同軟體工具中導入數據。」這種方法可以避免對工具感到疲勞：他們知道工程師最不想要的就是學習使用另一款軟體。這是一種將所有數據整合到同一個地方的工具，將會使事情變得更容易，而不是更困難。

霍格和科特斯想為自己打造這個工具。然而，當他們了解潛在市場的時候，他們才剛決定辭去工作並成立 Violet Labs。霍格說：「這些複雜、高利潤、跨領域且往往受到嚴格監管的產業，是嚴重服務不足的。從機器人到電腦領域，全球大約有 60 萬家公司在打造複雜的硬體。隨著此類製造往規模較小且較新的公司大眾化發展，這個統計數字還在不斷成長。而我們正在打造的工具，整體潛在市場規模約為 500 億美元。」

了解市場的範圍是一回事，評估單一家公司的需求規模又是另一回事。霍格說：「例如，特斯拉因其在研發上投資的金額而聞名，每輛車大約是 3,000 美元。然而，豐田和福特等傳統製造商的投資只有這個金額的三分之一。因此有大量的資金是投資到複雜的工程流程中。正如你所想像的，汽車製造商在推動這些流程的軟體工具上也投資了相應的資

金。鑑於我們所設想的客戶多樣性，這套工具將具有龐大的潛力。」

如今，Violet Labs 的最終目標是為工程團隊打造一個雲端的事實來源（source of truth），涵蓋衛星和發射載具等複雜產品的整個生命週期：透過供應鏈和營運的系統來進行工程設計。就像 Zapier 和 Airtable 以強大的方式靈活連結不同的工具，而成為軟體產業的主流產品一樣，霍格也希望 Violet Labs 開發的產品，成為太空經濟及其他領域硬體工程的工作流程中不可或缺的一部分。

LeoLabs：從地面往上看的視野

Violet Labs 簡化了為太空經濟打造複雜硬體的過程，然而，這些硬體也並非所有最終都會進入軌道，有一些最具潛力的裝置就座落於地面上。

丹・塞伯利（Dan Ceperley）是 LeoLabs 的執行長兼共同創辦人，這家公司可追蹤軌道上的物體，無論是衛星、太空船，以及碎片，其精準度是傳統方法的 10 倍，而成本僅為傳統方法的 1%。

　　「我們正在打造一個全球性的地面相位陣列雷達系統網絡，用於太空交通管理，」塞伯利告訴我。「到目前為止，我們已建有 5 個雷達站，還有 4 個正在建設中，所有這些雷達站都是為了跟上所有新的發射活動和威脅活動中衛星的幾十萬塊碎片。我們還打造了分析的工具，可以為我們的客戶將這些數據轉化為針對碰撞和衛星運行的風險資訊。」

　　塞伯利說：「我們的雷達網絡涵蓋所有軌道和所有的軌道傾角，在地面而不是在軌道上營運，無限制地取得電力、雲端計算能力和使用通訊系統將數據傳輸到雲端，使我們能夠以前所未見的速度擴展我們的網絡，並以空前的價格提供我們的服務。」對於一家私人的新創公司來說，要達到這種水準是一項令人難以置信的壯舉。「沒有人認為你可以透過一家由創業投資所資助的公司，來做到這一點，」塞伯利說。「他們認為你會需要一個政府所資助的幾十億美元的計畫。這給了我們在技術上重要的一條護城河。」

　　LeoLabs 成立於 2016 年，但創辦團隊的成員，在 25 年前就開始在 SRI 國際研發（SRI International）開發相關的智慧財產權，SRI 是灣區著名的研究機構，前身以史丹佛研究院（Stanford Research Institute）而聞名。在美國國家科學基金會

（National Science Foundation）的資助下，他們針對電離層進行基礎的研究，花了數年時間設計特殊的雷達來研究北極光等大氣現象。

塞伯利在加州大學柏克萊分校（UC Berkeley）取得了電機工程的博士學位，他於 2008 年加入 SRI，晚於他未來的共同創辦人。在那裡，他與美國國防高等研究計劃署（DARPA）和美國空軍合作，在太空中進行物體的追蹤。空軍希望迅速擴大這種能力，因為預期以 SpaceX 為領頭羊，所謂的新型小型衛星數量將會激增。

塞伯利在太空交通管理方面的工作，出乎意料地與他的同事在研究電離層的工作相交會：「他們的雷達在電離層科學方面表現非常出色，但在探測衛星和碎片方面有點太優異了，」塞伯利說。「為了能夠優化北極光的觀察，他們開發了演算法來區辨和排除不需要的數據。然而，當他們聽到我在衛星追蹤方面的工作時，他們意識到，他們無意中創造了我所需要的東西。」

最終，這三位研究人員決定離開 SRI，並將這種新的物體追蹤科技帶到市場：「低成本火箭、新型且小型的衛星、巨型星系——這一切都為太空情況感知（space situational awareness）的商業服務開啟了機會。從歷史上看，這些服務原本一直是國防的活動，但現在我們可以向衛星營運商乃至保險公司等諸多的新客戶出售這項服務。所以我們選擇在市場的反曲點出現之前，退出研究的環境。」

「LeoLabs 有點像是氣象服務，」塞伯利說。「如果你經營的是一家物流公司或通訊公司，你就會需要了解天氣，因為天氣會影響到你的業務。現在有越來越多的企業依賴太空的資產來營運，所以他們也需要知道在上面那裡正在發生什麼事情。」

對於這幾位創辦人來說，幸運的是，SRI 有一個活躍的創業投資團隊，負責成立衍生的新公司。這個團隊培養了 LeoLabs，並為其創辦人做好籌集資金和經營企業的準備。作為從 SRI 拆分衍生出來的公司，這也使得 LeoLabs 在成立時，公司的大部分硬體、軟體和智慧財產權都已經到位。

「在我們一開始創立公司時，我們就已經知道這項技術會是一套很好的解決方案，」塞伯利說。「這也讓我們從第一天起就可以聚焦於公司的經營層面。透過這種方式，SRI 發揮了加速器的作用。」

當然，讓 SRI 擁有寶貴的智慧財產權也帶來了挑戰：「研

究組織總是會需要做內部決定，決定是要將某個機會作為一家衍生的公司來發展，還是要將其視為是內部較為傳統的業務發展機會，」塞伯利說。「但是這有助於解釋我們為何追求一種完全不同的商業模式，一種需要大量外部投資的商業模式。」

即使在拆分之後，創辦人也必須向潛在投資者明確傳達這一情況：「LeoLabs 和 SRI 之間的關係，經常在早期的討論中出現。我們必須證明我們是一家完全獨立的公司，而 SRI 只是一個小股東。」

太空交通日益嚴重的挑戰，牽涉到的範圍令人難以想像。塞伯利說：「幾年前，在低地球軌道上只有 800 顆活躍衛星，現在卻是接近 4,000 顆，很快就會達到幾萬顆。而太空碎片的數量又將讓活躍衛星的數量相形見絀，這包括像是舊的衛星、舊的火箭體，以及這些東西的碎片。今天，我們追蹤的碎片尺寸小至 10 公分。在低地球軌道上有大約 1 萬 6 千個這樣的物體，還有 25 萬個小至 2 公分大的物體，目前尚未被追蹤。」

現今，該公司的主要目標是打造追蹤較小型的碎片的系統：「如果有一小塊碎片以足夠的能量擊中一顆衛星，它不

僅會摧毀這顆衛星，還會產生新的碎片雲，從而大幅增加了在低地球軌道運行的風險。我們正在打造一個雷達網絡，這個網絡將具備必要的精準度，來追蹤小型的碎片。」

這些數據對於找出有助於衛星產業進步的最佳實踐，也很有幫助：「我們的資料可以顯示有哪些軌道組成和衛星星系致力於讓太空維持良好與乾淨的狀況，哪些沒有，」塞伯利說。「例如，在 750 公里的高度是最密集的海拔高度之一，而中國在那裡摧毀了自己的一顆衛星而形成碎片雲，然後有一顆美國商業衛星與一顆報廢的俄羅斯衛星之間發生了碰撞，這使情況變得更糟。新的巨型星系的高度將達到 1,100 公里，這是低地球軌道最乾淨的其中一個區塊，而其他星系的高度都低於 600 公里，在這個高度報廢的衛星和其他碎片會在幾年內脫離軌道——自然地自我清理。」LeoLabs 的數據對於營運商在了解他們的選擇並做出更好的選擇方面，可以發揮極其重要的作用。

「低地球軌道現在交通更忙碌了，因此主動管理更顯重要，」塞伯利說。「事實證明，大部分風險都是由碎片造成的，而不是因為活躍的衛星。這就像在足球場上進行中場表演一樣。活躍的衛星是行進樂隊，每一位表演者都小心翼翼地維

持跟其他表演者的隊形。而碎片就像是喝醉酒的球迷，跌跌撞撞地走上球場，撞到了低音號手。」

「目前，我們為低地球軌道上 60% 以上的活躍衛星提供服務，」塞伯利說。「除了追蹤碎片和交通管理之外，我們還透過識別滾動或運作模式發生變化這類的早期故障跡象，來報告衛星的健康狀況。此外，我們還為營運商、保險公司、監管機構和政府機構，提供特定衛星或星系所面臨風險的即時分析。」

對於太空經濟中任何以數據驅動的業務來說，傳輸仍然是一個障礙：「過去，太空產業的東西都是訂製的。你必須打造專門的介面才能處理這些數據。但是我們正在努力消除它，並成為軟體堆疊中的另一層。每一位軟體工程師都使用 API 寫程式，因此我們透過 API 發送所有資訊和警報。這使我們的服務能夠拓展其所及的範圍。我們甚至為目錄中的每顆衛星和碎片提供了一個大眾可閱讀的網頁。在每一頁上，你都可以看到某個物體的位置，以及我們即時對其進行的所有測量。」

「太空產業正在成為整體經濟的一個重要組成部分，」塞伯利說。「隨著新的商業星系上線，這些服務將成為更大

的商業和技術生態系統內的常態。正因為如此，了解所有這些商業活動發生的地方，就顯得更加重要。太空中的情況會直接影響在地面這裡所發生的事情。」

SkyWatch：將數據整合在一起

像行星實驗室這樣的基礎設施公司會生成大量的數據，而像 SkyWatch 這樣的傳輸公司則透過讓開發人員及公司的客戶更容易取用這些數據，來發揮這些數據的價值。SkyWatch 是一家處於地理空間情報傳輸前線的公司，為組織提供了將遙感資料整合到自己的應用程式中所需要的工具。

詹姆士・史利佛茲（James Slifierz）是 SkyWatch 的創辦人兼執行長，他說：「我們認為地球觀測的數據應該是可使用的、可負擔的和標準化的，我們透過兩種無縫接軌且簡單的產品來做到這一點。第一個是 EarthCache，它是一個針對企業，可用於取用衛星數據的 API。透過忽略當今地球觀測的主要市場：政府和國防，SkyWatch 就可以去挖掘商業市場中所有被壓抑的需求。我們在那裡看到了價值幾十億美元的機會。」

SkyWatch 的第二個核心產品是 TerraStream。史利佛茲說：「可以把它想成是『給太空公司的 Shopify』，對於需要從衛星將數據發送給客戶的營運商來說，這是一個解決方案。大多數衛星公司都使用 TerraStream，因為它可以幫助他們輕鬆進入正在不斷成長的地球觀測數據的商業市場。」

「如今，我們可以取用軌道上 90% 以上的地球觀測衛星數據，」史利佛茲告訴我。「在未來幾年計劃要發射衛星的所有公司之中，我們與一半以上的公司都有建立關係，並與這些公司之中的一半公司建立了合約的關係。」

與此同時，SkyWatch 正在擴大其客戶群：「我們為近千個組織提供服務，」史利佛茲說，「就在去年，我們還只為350 個組織提供服務。在去年的前一年則是 150 個組織。當我們找到進一步降低成本的方法時，我們的價格點就可以滿足越來越多的客戶，這讓他們可以在他們的組織內部大規模採用地球觀測數據。」從未使用過地球觀測數據的公司也願意嘗試，因為 SkyWatch 會針對他們的特定需求去設計服務。

史利佛茲表示：「衛星營運商要求客戶簽署合約並預先支付大筆費用已成為標準，但我們是以按使用量付費的模式進入市場。客戶可以從零成本開始，然後幾乎是立即可以使

用他們需要的數據。按使用付費是前進的方向，特別是當你瞄準的目標是商業市場時。事實上，按使用量付費是在這個領域經過驗證且流行的模式，也是我們在企業市場中看到如此良好的市場牽引力的原因之一。」

通常，如果一家公司以前從未使用過地球觀測數據，則這家公司會需要幫助，以了解地球觀測數據的完整潛力。而客戶教育也是 SkyWatch 價值主張中重要的一個部分：「我們花了很多時間思考我們的客戶在哪裡，以及他們可能會覺得有用的內容類型，」史利佛茲說。「我們還依據顧客旅程的歷程來定位自己，以便我們可以介入並幫助客戶進行整合、幫助客戶更善用數據，或者是純粹更深入了解他們從中獲得了什麼以及其可以提供的價值。」

亞馬遜雲端服務和微軟等重量級企業也已進入地理空間情報的傳輸層。然而，SkyWatch 將此視為是一個合作的契機。史利佛茲說：「大型雲端公司已經意識到，未來將會向地面下行傳輸的數據量，因此，他們正在其數據中心建立下行傳輸的地面站。這很有幫助，因為處理所有這些數據最昂貴的其中一個面向就是移動數據。頻寬成本可能會很昂貴，尤其是當你在討論的是以 TB 為單位計算，甚至是以 PB 為單位的

數據時。而這些雲端公司正在讓衛星數據進入數據中心這件事變得更加容易。」

「我們已經宣布 TerraStream 與亞馬遜雲端服務和微軟建立夥伴關係，」史利佛茲說。「使用 TerraStream 作為其主要傳輸功能的衛星營運商，也將能夠使用亞馬遜雲端服務的地面站或微軟的 Azure Orbital，將其數據會直接向地傳輸以下載到雲端中，並儘快其提供給客戶。」

SkyWatch 還與地理空間情報的早期先驅 Esri 合作。Esri 成立於 1969 年，是第一家將地圖資訊數位化用於商業用途的公司。史利佛茲提到：「我們目前正與許多已經使用 Esri 的大型企業一起進行一項測試計劃，他們可以直接透過 Esri 的介面檢索圖像，而無需透過 SkyWatch。作為一家以 API 優先的公司，我們希望客戶將地球觀測數據引入他們現有的工作流程。我們不希望他們為了取用衛星數據有另外一個單獨的工作流程來，然後還有另一個工作流程來取用無人機或航空的數據。我們必須做到在後端發揮無縫接軌的作用，以便所有這一切都能按照我們所設想的方式進行。」

為了維持領先地位，SkyWatch 正在努力爭取新的傳輸合約：「在 2022 年夏季，我們推出了低地球軌道星系最高解

析度的數據，」史利佛茲說。「這是每像素 30 公分或甚至更清晰的圖像。就歷史來看，這種精準程度一直都只掌握在 Maxar 及其 WorldView 衛星上。幾年前，當 WorldView-4 的生命週期結束時，Maxar 的能力大幅縮減。現在有許多新創公司都承諾要發射新的高解析度衛星，而我們正在與每一家進行討論。」

Muon Space：尋找看見的新方法

根據詹姆士・史利佛茲，在 SkyWatch 的客戶群中，有 280 多種類型的數據有需求，但實際上可用的數據只有 10 到 15 種。當 SkyWatch 整合不同的地理空間情報數據集時，Muon Space 則是幫助擴展我們一開始可以收集到的數據類型。Muon 為公司提供用於開發訂製地球觀測衛星感測器的一站式解決方案。如果你的應用程式需要某種新型的地球觀測數據，但缺乏硬體的專業知識，Muon 就可以幫助你開發出感測器，並將感測器送入軌道。

我們投資了 Muon 的種子輪，並再次參與了 A 輪投資，因為他們組了一支真正可說是世界級的團隊，且我們也對他

們正在打造的商品的潛力感到期待。

強尼‧戴爾（Jonny Dyer）是 Muon 的共同創辦人兼執行長，也是太空資本的營運合夥人。戴爾表示，Muon 的願景是很聚焦的：「我們並未試圖去做辦不到的事情，然後去解決每一個可能的太空任務。」這家公司希望透過減少部署新感測器的進入門檻，在遙測（remote sensing）領域實現如同 SpaceX 在發射領域所做的那樣。

Muon 的核心方法是為所有感測器數據建立一個標準的數據平台：「當每一個人把某種新的感測器送上軌道時，他們都在無謂地重複發明，」戴爾告訴我。使用 Muon 的平台收集、組織和使用感測器的數據讓「規模小得多的團隊也可以快速安裝新的感測器，並開始圍繞著這些數據去打造其產品，不再需要有一大群火箭科學家和雄厚的財力，來進行概念的驗證」。

應對氣候變遷也是這些新型地球觀測數據的主要使用案例。戴爾將這些計畫分為兩類：減緩和調適。減緩措施的重點是減少大氣中的淨碳，以減緩在未來的暖化。另一方面，適應則是和當下有關。「即使我們在減緩方面取得了巨大的成果，」戴爾說，「我們最終也會邁向一個氣候發生變遷的

世界，而我們必須應對海平面上升、極端天氣、野火等等問題。」對於減緩和調適這兩個方向來說，「數據都會是關鍵。」

例如，調適的其中一項挑戰是過時的森林管理方式、氣溫升高和乾旱，造成了更大型、更頻繁的野火。除了對人類健康造成影響之外，野火還會向大氣中釋放更多的碳，從而加劇導致野火的氣候變遷。這是一個惡性循環。Muon 的地球觀測數據有助於更主動的森林管理。該公司的遙測能力讓擁有深厚氣候專業知識，但缺乏衛星技術的眾多組織和機構，獲取所需數據的能力更被強化。這是在一個技術堆疊中進行拆分帶來的影響力的完美例子。隨著多家公司開始專注於堆疊中較小的部分，進步就會加速。

Muon Space 及其競爭對手正受益於兩項互補的趨勢：更複雜的感測器，以及可從衛星星系收集的數據量的增加。

「由於商業地面站服務的大規模部署，而且無線電技術正在迅速改善而讓非常高的頻寬變得可行，從太空船上獲取數據也變得越來越容易，」戴爾說。「可以有效收集的數據量正在快速成長，這是與更傳統的 NASA 類型的任務相比，因為 NASA 類型的任務通常存在重大的數據瓶頸。」

更大的管道代表著可以採取新的方法：「你可以擁有

靈活的寬頻感測器來吸收許多不同頻率的光子，而不是僅僅打造聚焦於一部分電磁譜的感測器，」戴爾說。「當你將所有數據傳到地球後，就可以整理排序，並從一組通用的數據集中打造出許多不同的應用程式。」這種「高光譜（hyperspectral）」感測的靈活性，有助於以更高效且多用途的方式進行地球觀測。

人們才剛剛開始理解這些趨勢的含義。戴爾說：「當你開始從一整個星系的角度，而不是一個感測器的角度，來思考遙測時，它從根本上改變了你思考解決問題的方式。忘掉『我該如何用一台精緻的儀器解決這個問題？』反之，你會問：『雖然單個感測器的品質稍低，但加在一起可以產生更有用的數據，我該如何使用大量的感測器來解決這個問題？』」

Muon 的首席科學家兼共同創辦人丹・麥克利斯（Dan McCleese）在進入私人部門之前，在噴射推進實驗室（Jet Propulsion Lab）工作了 41 年，其中有 10 年位居首席科學家。在那段時間裡，麥克利斯對使用地球觀測進行氣候研究的傳統方法，擁有豐富的第一手經驗。

「圖像仍然主導著氣候變遷的主流思維，」麥克利斯告

訴我。然而在 NASA、美國國家海洋暨大氣總署（National Oceanic and Atmospheric Administration，NOAA）和其他機構的贊助下，也有人嘗試過其他類型的觀測，其中一些非常成功。「其中一項已經商業化的技術是無線電掩星（radio occultation），即利用 GPS 信號對地球大氣層進行精準的測量，」麥克利斯說。「無線電掩星技術大幅地改善了天氣預報。這是小型的公司向大客戶出售地球觀測數據的一個典型案例，而且在這個案例中，客戶橫跨整個天氣預報產業。」

麥克利斯說：「有些公司正在提供大批的新地球科學數據集，例如大氣和地表的微波遙測（microwave remote sensing）。然而事實也證明，要透過這些數據集賺錢是很困難的。對於可以商業化的數據集有很多提案，但整個產業仍正處於過渡的階段。」當然，這就是 Muon 所做的工作如此令人興奮的原因。

「Muon Space 就站在此類數據商業化的最前線，我們只需要從可商業化的資訊向後推導出我們需要收集這些資訊所需的硬體。」麥克利斯說。

Arbol：風險事業一切如常

正如行星實驗室的羅比・辛格勒所說，來自行星實驗室和 Muon Space 等公司的更多且更優異的地球觀測數據，讓我們能夠以一個全新的標準去了解「關於地球的的真相」。但我們實際上能用這些真相做什麼呢？這個產業也才剛剛開始探索這些可能性。而近期其中一項令人興奮的應用是參數型保險（parametric insurance），它有望改變許多不同產業的風險管理方式。

悉達多・賈是參數型保險平台 Arbol 的創辦人兼執行長。Arbol 成立於 2018 年。賈也是 dClimate 的創辦合夥人，dClimate 是全球第一個透明且去中心化的氣候數據、預測和模型市場。

賈在城堡投資（Citadel）時，將人工智慧和機器學習應用在了解大宗商品市場，而他在這個過程中所獲得的經驗，後來幫助他創立 Arbol：「氣候對所有商品來說，幾乎是共同的威脅，」賈告訴我。「這些價值幾兆美元的產業，都會因季節變化、氣候變遷，以及乾旱、洪水和熱浪等天氣事件而出現巨大的波動。例如，熱浪會讓空調需求衝高，迫使發電

廠購買其無法生產且超出預算的額外電力。同樣地，風速的意外下降可能會給風電場造成嚴重的問題。與此同時，乾旱和洪水則會影響所有的農作物。」通常，企業會依靠保險產品來降低風險，但天氣和氣候相關風險的複雜性和多變性質，對傳統的保險模式造成了獨特的挑戰。

「在那些時候，你可以獲得針對天氣風險的保險津貼，」賈說，「但是要直到狀況變得非常糟時，保險津貼才會開始生效。在許多情況下，雖然有保險，但農民還是遭受龐大的損失。任何市場都有這一個關鍵的功能，就是風險轉移，但是保險市場卻未能轉移這些氣候風險。與此同時，隨著氣候模式的改變，風險也在增加。公司正因氣候所導致的問題而遭受打擊，且這些問題是過去不必處理的。」

對於公司來說，要擺脫天氣風險並不容易。對於賈來說，這則是代表著市場的機會。當他發現這個機會時，他就開始思考如何利用新的科技和新的思維方式，來滿足這一市場需求。

「Arbol最初始於一份區塊鏈領域的白皮書，」賈說。「這份白皮書提出使用智能合約，根據溫度或風速等客觀數據自動進行保險理賠。從監管的角度來看，這份論述的某些方面

尚無法實現，但我們將繼續努力在區塊鏈上打造出完全分散式系統。」

賈認為，在決定任何一種新的保險方法時，關鍵的區別因素是客觀性和速度。傳統的方法既過於主觀又過於緩慢：「由一位險損估價人員主觀地評估天氣事件造成的損失，這整個概念是導致對保險的環境不滿意的一個主要原因，」賈說。「就像我們在新冠病毒的疫情中看到的，當發生意外情況時，會有數以萬計的訴訟發生。這次的疫情有包含在保險裡面嗎？你該如何評估損失？事情會被拖延，然後很快就會有客戶在等待保險理賠支付的同時就破產了。」

「Arbol 背後的概念是擴大參數保險的採用範圍，且僅根據數據進行自動的理賠支付，」賈說。「最大的參數使用案例是氣候保險。由於現在有更好的衛星，可以詳細測量天氣和作物的健康等資訊，所以要做到這一點是可行的。在此之前，很難確認這些數據是否適用於已投保的確切地點。如果以 100 平方公里的正方格來劃分區域測量天氣，則在單一方格內不同地點的實際情況，可能會有很大的差異。買了保險的葡萄生產商，可能會經歷某一場破壞性的暴風雨，而這場暴風雨卻未出現在某個正方格區域的整體數據中。但是如果

你可以以 1 平方公里的方格為基礎去追蹤天氣,那麼所謂的『基差風險』就會低得多了。」

這些新衛星提供了具備必要詳細程度的資訊:「地面上仍然有氣象站,」賈說,「但一旦離開人口稠密的都會區,它們就沒有幫助了。即使是在美國的鄉村,你也會需要衛星數據來填補這些空白。我們在柬埔寨等地都有計畫,因為整個國家可能只有主要的機場設有一個氣象站。如果沒有今天的衛星數據就無法做到這些事情。」

「保險業存在著規模的問題,」賈說。「這種低效率阻止了客戶購買他們需要的保險。在 Arbol,我們不會派出所謂的險損估價人員,而是依靠來自衛星的客觀數據。不用招募大量保險承銷商來處理價格,一個人工智慧引擎就可以為我們做到這件事。我們將改變華爾街的系統化交易方式引入保險的領域。」

在 Arbol 問世幾年後,dClimate 隨之作為 Arbol 的自然衍生而問世:「我們收集了很多重要的氣候數據,」賈說。「我們本可以像競爭對手那樣,對此收取昂貴的費用,但是我們不想那樣做。當時,大公司一直在收購氣候數據設備,使受到氣候風險衝擊的小客戶無法取得這些資訊,這包括市政當

局和小型企業。例如,如果你想要颶風的模擬分析,訂閱服務的費用可能是 1 千萬美元。只有世界上最大家的保險公司才能負擔得起這個金額。如果你是所在的城市經常遭受颶風的市政當局,你會怎麼做?或者是在颶風影響區域設有工廠的小型工業公司?原始的天氣數據或許可以免費取得,但它會是分離的數據且難以瀏覽。你會需要一個數據科學家所組成的團隊來解析它。免費的東西對使用者並不友善,而對使用者友善的東西卻太昂貴。」

為了解決這個問題,Arbol 讓其數據可以在一個去中心化的網絡中被取用。賈說:「dClimate 讓這個社群可以做的,是以數據為中心去打造分析工具、可視化工具、預測和其他有用的東西,例如它現在有一個工具是可以估算指定的建築工地的天氣因素,可能會導致你損失多少天的工時。這是一位與建築公司打交道的保險經紀人提出的需求。此這之前,在工地的管理人員沒有任何簡單的方法可以用來準確評估這種風險。」

「這是一個非常有彈性的平台,」賈說。「它可以處理各種數據。今天,我們正在整合有關排放、碳封存、農作物和土壤水分的數據,而其中大部分是藉由衛星測量而取得的。

Arbol 沒有將其數據隱藏在一個數據孤島中，而是藉此成立衍生公司 dClimate，讓 dClimate 能夠充分善用在氣候領域正在發生的事情。dClimate 和氣候的各個面向都有關，包括從農作物產量到碳生物量數據。即使在隱形模式下，其 API 每個月也會收到超過一百萬封請求，其中許多來自世界上一些最大規模的商品公司。這說明了市場有這樣的潛在需求。我們甚至都還未推出旗艦平台。目前，我們很希望可以有更多的人使用 dClimate，並了解與其他選項相比，獲取清楚的天氣和氣候數據是多麼容易。」

賈說：「Arbol 本身就是 dClimate 的主要客戶，使用 dClimate 的數據來打造參數型保險合約。一份合約可以像是，某位農民因為所在地區 7 月份的降雨量低於平均而獲得理賠，類似這樣的簡單程度，或者，合約參數也可能非常複雜，例如採用風速、太陽輻射和溫度的混合參數，以準確反映可再生能源公司的供應和需求。而 Arbol 使用 dClimate 的數據建立所有的這一切。」

「我們看到了令人難以置信的成長，以及看到了我們客戶群的多樣性：當然有農業，以及還有可再生能源生產商、傳統能源公司，以及大宗商品領域的許多其他部分。我們甚

至正在進入餐旅業等領域。如果你在漢普頓租了一棟房子，而你在那裡的時候每天都下雨，你可能就會得到一筆賠償。」

賈也透露：「許多新的應用程式都開始提出入站請求，有很多產品可以滿足需求，但對於傳統的保險方法來說，這些又太不切實際了。即使我們已經有了所有的這些成長，我們也只有觸及到表面。每年有整整 1 兆美元的農作物沒有保險，而且在農業之外還有很多機會。整體潛在市場是很龐大的。」

「我們的最終目標是建立一套生態系統，dClimate 可以讓你分析你的氣候風險，而 Arbol 可以讓你緩解該風險。我們希望對於任何想要減輕氣候風險的公司，我們都可以提供一站式的服務。例如，每一家銀行都面臨著不同司法管轄區的壓力而需要衡量其整體的氣候風險。一項貸款組合的內容可能包括洪水風險、颶風風險、野火風險以及各種的風險。過去一直沒有人想到將其中任何一項量化，現在已經有人著手在做了，但量化風險以滿足監管需求只是第一步。很快，你將需要為你的投資者、股東和董事會成員量化風險。而 Arbol 會在那裡，滿足這項需求。」

Regrow：用更少的資源種出更多的作物

Arbol 和 dClimate 使農業能夠轉移日益增加的氣候變遷風險。更好的地球觀測數據還可以幫助農民在發生任何保險理賠之前，先調整他們的農耕方式。而在精準農業的這個新興領域，處於領先地位的是 Regrow 這家公司。

Regrow 將地球觀測數據與科學的模型相結合，幫助農學家最大化地提升作物產量、將浪費最小化，並減少有害的排放和其他農業過程的副產物。Regrow 的分析引擎利用來自衛星、飛機、無人機和地面載具的感測器數據，而可以更精確地優化大片土地的灌溉和肥料使用，並在明顯的害蟲、疾病和其他問題的跡象出現之前，能夠儘早找出問題，為農民提供了挽救歉收作物的更好的機會。

Regrow 的執行長兼創辦人安娜塔西亞・佛寇瓦（Anastasia Volkova）在一次訪談時表示，Regrow 正在「嘗試解決農業資源利用的問題，使其更有彈性、減少對肥料的依賴，且對環境更加友善」。現代工業化的糧食生產是科學成就的奇蹟，使世界上幾十億人口的絕大多數人都擺脫了飢餓，但就溫室氣體排放、水和肥料的浪費，以及其他有害的外部因素而言，

20 世紀的農業施作已被證明不僅給糧食生產者造帶來了經濟上的問題，而且對環境也造成災難性的影響。

佛寇瓦在烏克蘭長大，她在那裡取得了航太工程的學士學位，然後在波蘭完成了碩士學位。在接受教育期間，佛寇瓦曾在各種新創公司的兼職職位任職，這讓她學到了「如何吸引和留住客戶，以及如何打造成功的產品」。佛寇瓦在澳洲的雪梨大學取得航空工程的博士學位，她在一套由澳洲政府購買的先進 NASA 相機系統裡面工作。她很快就對遙測的潛力著迷，並對可用的應用其功能之有限而感到沮喪。

「當人們想到太空時，他們會先想到火箭和衛星，」佛寇瓦說。「然而太空商業模式最重要的部分，其實是**如何處理數據**。」由於衛星收集了大量的地球觀測圖像，導致幾乎不可能對地面上實際發生的情況找出有用的見解。對於像是「這片草比那一片草更好嗎？」或是「那塊綠色的地是小麥還是棉花？」之類的問題，沒有單一的來源可以提供清楚且可行動的答案。這些答案對於防止土壤劣化、最小化的資源使用，和最大化的農作物產量提升，皆是非常重要的，但要得到這些答案，會需要在腦中整合許多不同的數據集。

生活在澳洲所面臨的乾旱問題是非常嚴重的，佛寇瓦也

預見到灌溉問題將日益影響全球的農業。同時，她也知道用水的管理只是地球觀測數據可能帶來影響的眾多領域之一，這之中潛在的效益太大了，不容被忽視。因此仍在攻讀博士學位的佛寇瓦籌集了 500 萬美元創立了 FluroSat，後來成為 Regrow。

佛寇瓦告訴我：「我們從不同來源收集所有數據，並將其同質化，產量地圖、天氣來源，以及告訴我們農民如何管理他們農場的管理軟體。」利用這些數據，Regrow 的軟體就可以開始回答這些重要的問題：這種作物的成長，相較於其該有的發展過程，是領先還是落後了？我們可以在哪裡改善當前的表現並提升產量？針對該地區和該作物最永續性的作法是什麼？

Regrow 透過衛星圖像和其他感測器來自動監測作物，而可以在出現問題時向農學家發出警示，甚至可以建議具體的修復措施。

「Regrow 可以為你的拖拉機提供施氮的地圖，或者它可以告訴工作人員要調查某個異常的情況。」這套人工智慧甚至可以學習：「當你施了氮並看到對葉綠素的量造成了影響後，Regrow 就會告訴你，『現在土壤真的很肥沃。也許你下

一次就能從中獲得更多的作物了。」同樣地，當某個工人觀
察到異常情況，並找到疾病的證據時，Regrow 就可以自動找
出在整個農場的類似疫情。」

　　Regrow 展現出融合感測器的力量，這個領域的應用遍及
從城市規劃到國防的各個領域。當 Muon Space 讓更多且更好
的感測器可以被部署時，Regrow 等公司則正在結合許多不同
類型的數據，來生成可作為行動參考的解析。

　　推動著 Regrow 的需求的是，需要在不加劇氣候變遷影響
的情況下，來養活不斷增加的全球人口：「我們需要用更少
的資源來種出更多的作物，」佛寇瓦說。「這是底線，而且
現在，這項技術也已發展到可以真正開始利用這項技術的階
段。」工業化的農場皆已經高度自動化。例如，拖拉機即已
經達到自動化幾十年了──正如佛寇瓦所指出的，在空地上
操控拖拉機比在高速公路上駕駛汽車要簡單得多。

　　如今，通用磨坊（General Mills）、家樂氏（Kellogg's）
和嘉吉（Cargill）等公司，都仰賴 Regrow 的數據，以推動在
幾百萬公頃的農田上採用更永續性的耕種方法。該公司已經
籌集了幾千萬美元，用於拓展至「包括牧場、乳製品、多年
生作物等領域的更多生產商和農業系統」。

在佛寇瓦看來，Regrow 的成果只代表著地球觀測提供的龐大機會的一部分：「幾乎在每個產業都有太空數據的下游應用。」

我們已經認識了一些在太空經濟領域引領變革的前瞻性思維與企業型的創新者，現在可以更深入挖掘在這個令人期待的領域尚未被開發的潛力。在下一章，在我們探索太空經濟帶來的獨特創業挑戰和契機時，我們也將聽到這些領導者分享更多的見解和經驗學習。

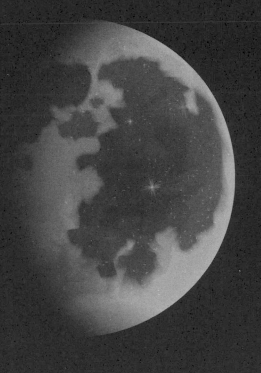

4
不要在高空迷失了

如何以及為何在太空經濟中創業

對於大多數人來說，外太空這個詞仍然會讓人想到尼爾・阿姆斯壯、挑戰者號事故、美國公共電視台（PBS）關於宇宙大爆炸（Big Bang）的特別節目，以及學校去天文館的校外教學。沒有接受過航太訓練、沒有工程學位，或是沒有軍事或政府背景的某個人，可以出來籌集資金並創辦一家以某種方式和太空有關的公司，這個想法似乎很荒謬。或者說，即使對於能夠承受風險的企業家來說，至少這也是令人生畏且不太可能發生的一件事。創業本身就已經夠艱難了。

你想想看，要形容人野心勃勃、努力於成就大事，最適合的詞彙是什麼？肯定是「登月計劃（moonshot）」。

如果你是一位沒有太空經驗的創業家，你可能會對進入太空經濟感到有疑慮。不要讓這些擔憂阻止你去考慮所有的可能性。沒有人比創業家更能發掘出未開發的潛力，且創辦人蜂擁而至，開創與太空相關的企業數量也創下歷史新高。所有這些活動都代表著一件事。就是在你的一生中，可能再也不會有這麼多創業機會大開的時候了，這是你該考慮參賽的時候了。

踏出創業家的一小步：現在正是時候

是的，你需要技巧、經驗和專業知識來創辦一家公司——尤其是一家以指數成長為目標的新創公司，但你的背景不需要與太空經濟完美契合才能邁出第一步。賴瑞・佩奇（Larry Page）和謝爾蓋・布林（Sergey Brin）應該要因為沒有先在 Ask Jeeves 工作個幾年，而推遲創辦 Google 嗎？對於大多數創業家，甚至大多數技術專家來說，太空都是新的領域。每一位創辦人要完成的事情都太多了，不可能等到在某個地方工作累積了一定的經驗後，例如在某家國防承包商工作，然後才創立公司。

如果你確實有與太空相關的背景（比如航空電子、衛星通訊、國防），你可能也只是透過望遠鏡的另一端在了解太空經濟。波音或洛克希德馬丁等大型傳統組織的典型工程師，將更多的時間花在行政事務上而不是在具體的太空技術上。從那些熟悉無窗辦公室和黯淡小隔間的人的角度來看，在 WeWork 的空間中與一些遠距工作的同儕一起創業的想法，似乎是難以想像的。因為這是一個不同的世界，創業投資（venture capital，VC）的種子投資金額還不足以支付像是

諾斯洛普‧格魯曼公司（Northrop Grumman）這樣規模的大公司一個月花在迴紋針上面的費用。

　　無論是創業家還是工程師，無論是應屆畢業生還是職業官員，太空經濟都會需要創新且堅決的創辦人，願意去嘗試新的構想並積極拓展可行的想法。創業精神是科技和經濟進步最強大的驅動力，而太空經濟是目前可能快速進步的領域。如果沒有許多的創業家承擔必要的風險，這些令人驚奇的可能性將無法完全實現。

　　行星實驗室的羅比‧辛格勒將商業太空視為是一個「新西部前沿」的市場，這個市場「始於科學研究或政府，然後，出於多種原因（主要是技術融合）而開啟了這一市場」。在他看來，最後一個這樣的市場就是早期的全球資訊網路：「我鼓勵大家去思考兩者的相似之處，也就是網際網路如何真正轉變成一個全球的公用事業。」

　　在第 6 章中，我們將更深入了解在阿波羅任務和 SpaceX 到來之間，太空的進步停滯不前的過程與原因。這個故事的精彩之處不在於事情放緩的原因，而在於一家公司以多快的速度徹底終結了幾十年的停滯狀態。即使在今天，SpaceX 仍在繼續推動整個太空經濟的進步。

正如我在第 1 章所說的,在截至撰寫本書時,太空經濟
仍然是以美國主導的故事。這是有道理的。從建國之初開始,
美國本身就是對資本主義和自治的一次大膽且刻意的實驗。
美國是終極的國家－新創企業,自 18 世紀首次公開發行以
來,它一直都是孕育創業精神的溫床。其他國家只有在政府
提供激勵和支持本國境內與太空相關的創業精神的情況下,
才能達到與美國並駕齊驅的水平。

美國比地球上任何其他國家都在培養創業家方面都更有
效果。沒有人能夠肯定說出 10 年後的太空經濟會是什麼樣
子,但是無論身在何處,這些創業家們都將成為我們共同攀
登創新 S 曲線的引路人。

已知的未知:那些最有潛力的領域

在 2002 年的一次新聞發布會上,美國國防部長唐納德‧
拉姆斯菲爾德(Donald Rumsfeld)在談到伊拉克據稱存放的
大規模殺傷性武器時,使用「已知的已知事情」與「已知的
未知事情」和「未知的未知事情」對比,而臭名昭彰。《愛
麗絲夢遊仙境》中的智蟲(Caterpillar)可能比他更能清楚表

達這個想法。儘管如此，拉姆斯菲爾德（我們將在第 10 章關於太空軍事化的討論中再次見到他）在他的發言中埋下了一個很好的觀點：有些事情是我們知道自己並不知道的。在創新中，這些「已知的未知」就代表了突破的最直接途徑——你無法回答你沒有問過的問題。

當然，一位創業家可以透過對現有解決方案進行漸進式的改善，來解決某個「已知的已知」問題。然而，即便如此，成功也並不像做一個更好的捕鼠器那麼簡單。如果另一家公司提供了解決方案，比如說以發射為例，以更快或更便宜的方式做同樣的事情，並無法讓你取得突破。即使你在並列比較中獲勝，大多數客戶也不會想要麻煩地換廠商。無論企業有什麼缺陷和效率低下的問題，大多數客戶都會優先選擇和他們已認識的廠商合作，勝過自命不凡的新來者。因為新的產品很少能實現其最初的承諾，為什麼要冒著更換供應商的風險只為了獲得中度改善的機會呢？

克服這樣的慣性會需要真正的升級，也就是 10 倍程度的改良。你所提供的產品，至少在某個關鍵要素（像是成本、速度、準確性等）的數量或品質上，要能夠有大幅度更優異的表現，以便轉換的潛在效益遠超過你可能無法交付的實際

風險。

如果 SpaceX 只比俄羅斯的替代方案效率提高 10% 或價格便宜 10%，那 SpaceX 就永遠不可能在發射服務中擁有穩固的立足點。從一開始，人們就對伊隆‧馬斯克實現承諾的能力抱有極大的懷疑。SpaceX 必須以更便宜的價格和更透明的定價模式來超越老牌的企業。即便如此，該公司多年來仍是以不穩定的軌跡在發展。而像電信商這樣的大客戶可能利潤豐厚，但這群客戶也是最難贏得的客戶。所以如果你打算向國防承包商或政府機構等大型官僚組織出售產品，請預先做好準備，這會是一條很長的跑道。

藉由提供戲劇性的改量，來提供另一種選擇，超越在此類別的領先者，就是在追求「已知的未知」。金偉燦（W. Chan Kim）教授和芮妮‧莫伯尼（Renée Mauborgne）教授將其稱為「藍海策略」：尋找缺乏成熟企業的無競爭市場空間。

在一個市場中尋找藍海，並不是要創造一種無人想要的產品，並說服人們他們應該想要它。而是關於找出缺乏可靠解決方案的緊迫問題，也就是一個「已知的未知」。太空經濟的其中一項基本誘因，就在於「已知的未知」數量非常龐大，創業家在各個方向都看到了廣闊的藍海。

　　露西‧霍格和凱特琳‧科特斯看到了 Violet Labs 的潛力，因為作為在最尖端科技工作的硬體工程師，她們其實是在解決自己的問題，而且這也是市場尚未解決的問題。她們對這個產業和她們的專業也有足夠的了解，知道這不是一項利基產品：「項是太空船和衛星等複雜的產品，不再只隸屬於政府和大公司的權限範圍內，」霍格告訴我。「這項工作在規模較小且更加靈活的公司身上正在變得更大眾化，而他們也都需要創新的工具來完成工作。」

　　在太空經濟中，存在大量已知的未知：客戶有需求且技術上也可行的事情，但目前可用的產品和服務卻仍無法達成。正如你將在太空經濟領域的許多成功創業家身上看到的，注意到此類未滿足的需求，通常是創辦公司的決策背後的火花。

　　以下是目前在太空經濟中充滿潛力的一些領域。

• 下一代地球觀測（Earth Observation，EO）應用

　　像 SkyWatch 這樣的公司已經透過應用程式介面（application programming interfaces，API）提供了大量珍貴的地球觀測數據。現在所有的這些數據都可供軟體開發人員使用，他們將會如何發揮這些數據的價值？包括從監控供應鏈

到優化運輸路線，我們該如何利用上方的視野來生成有關在地面這裡生活的有用解析？

- ## 感測器整合（sensor fusion）

衛星可以為地球上的任何一個地點提供雖然遙遠但持續的視角。因為操作時間有限，空中無人機會接手負責近距離的觀察。與此同時，地面感測器不僅可以收集圖像，還可以測量如溫度、鹽度、放射性的一切數據，所有這些都可以無限期執行測量，但只能從同一個地點進行。感測器整合可以將這些互補的視角結合在一起，以獲得更深入的觀點。在農業中，將農場上已有的許多不同感測器的數據結合起來，就是可以帶來變革。正如 Regrow 創辦人安娜・佛寇瓦 （Anna Volkova）告訴我的，「過去幾十年來，拖拉機已經實現了自動化──某個衛星會告訴拖拉機它在哪裡，以及需要去哪裡。同時，你還有感測器在測量土壤濕度和水箱中的流量。甚至連牛的耳標都是相連結的。」

我們還可以在哪裡發揮整合的力量呢？無人機數據的市場怎麼樣？如果有一家礦業公司想要透過衛星圖像近距離觀察某個有趣的偏遠地理位置的特徵，它可以發布請求，然後

就會收到當地無人機愛好者所拍攝的即時鏡頭。這些可能性就在我們身邊。

• 擴增實境（Augmented Reality，AR）應用程式

Niantic 的 Pokémon GO 只是其中一款利用用戶位置數據提供客製化體驗的應用程式。新創公司正在實驗各種作法，包括從僅當你在特定零售店步行範圍內時出現的定向廣告，到當你接近住家時自動啟動的智能家居功能。

• 3D 數據和開發工具

如果你以前使用過 Google 地球（Google Earth），你就會看到 Google 在將 2D 衛星圖像轉換為大致精確的 3D 環境方面已經取得的進展。但這還只是開始。更複雜的數位工具將讓開發人員可以用有價值的新方式去安排、操作或是處理地理空間數據。

• 全球定位系統的替代方案

全球地位系統很容易受到干擾和其他惡意的攻擊，此外，它在公尺等級的水準上也並不精確。其他的定位和導航方法，

將可以補足和增強全球地位系統，即使在難以獲取強大全球
地位系統信號的區域，也能實現達到公尺等級的精確度。更
新穎的方法也可以增強這一關鍵基礎設施的韌性。現在有幾
條有前景的途徑，正在被探索，其中也包括了利用地球的磁
場。

● **海洋觀測**

　　海洋覆蓋了地球 70% 的表面，面積太大而無法使用傳統
方法進行全面監測。HawkEye 360 使用其衛星來定位出已停
用其信標的船隻。監管機構則利用這些資料，進而送出無人
機進行仔細觀察，協助找出海盜、走私船隻和非法捕魚的活
動。在未來，演算法將在無需人工介入的情況下，即可從衛
星圖像中發掘出模式，這對於監管的目的而言非常有用，並
將為航運、漁業和水產養殖業提供有價值的情報。透過衛星
通訊的智能浮標也很有潛力，智能浮標可以即時收集和傳輸
海洋數據或向附近的船隻發出信號，以避免船隻撞上漁網，
而這正是全球各地海洋漁業所面臨到的一個問題。

• 天氣的微觀預報（micro-forecasting）

雖然現代天氣預報已有一個多世紀的歷史，但它還是一門仍在發展中的科學。氣象專家繼續苦於在短的時間範圍內做出宏觀預報。不幸的是，當我們的大多數天氣感測基礎設施在幾十年來都沒有升級時，更快的超級電腦和更智能的演算法，在提升準確性方面能夠發揮的作用也很有限。天氣可以是高度本地化的，我們現在需要更多與更好的數據，特別是有關微氣候（microclimate）的數據，例如舊金山灣區以涼爽與潮濕而聞名的地帶，就會需要更精細的數據來做出有用的預測。Tomorrow.io 為從達美航空（Delt）、聯合航空（United），到美國國家美式足球聯盟（NFL）和英國國家電網（National Grid）等公司，提供可作為行動參考的天氣解析，幫助他們管理天氣對其航班、足球賽和電網所造成的影響。在這個領域還有許多其他的潛在客戶。例如，種植杏仁和釀酒的葡萄等高價值作物的農民，可能會購買非常小的區域的準確天氣預報。要做到這一點，將會需要新的天氣感測器和聚焦於微氣候的軟體。

衛星產業矩陣的某些部分（例如全球地位系統基礎設施）就擁有諸多的老牌企業和新貴。而在其他部分，像是衛星通

訊的應用上，就仍然是完全開放。這個矩陣圖之所以有用，有部分原因在於它突顯了現有技術能力只有被少部分探索的領域。將你的思維集中在矩陣的每一個區塊領域上，並綜合考量你的專業知識、經驗和創業傾向可能創造出什麼樣的事情。

「我真正喜歡的領域是基礎設施，」LeoLabs 的丹‧塞伯利告訴我。「現在正在興起一股淘金熱。LeoLabs 現在提供資訊的太空公司，都有著非常良性的未來。把注意力放在那些提供其他公司基礎服務的公司，這讓其他公司可以在此基礎上去建構，這包括例如發射營運商、太空情況感知公司和衛星營運商。這個產業正在從垂直整合轉向為具有各種不同的服務提供商，而這種轉變將使創新週期變得更快速。我們將會看到在衛星星系領域的贏家，但我們也將看到在許多輔助性服務和技術層面的贏家。」

「這是在太空產業一生只有一次的機會，」塞伯利說。「無論你是在投資、創辦新公司，還是在研究新的技術，現在都是投入的好時機。取用和使用太空的價格正在下降，而且你可以依靠現代的電腦技術來進行更大規模的工作。」

將太空經濟的工作當作創業的發射臺

　　許多創業家並未像前面描述的那樣以系統性的方式在尋找問題，而是在日常工作的過程中偶然發現了他們腦中的創意。這就是為什麼好奇心如此重要。當你發現不尋常或意外的事情時，你需要願意停下來，因為一個小的問題，有時候可能會演變成為一家大的企業。

　　許多新創公司都是從它們最終所顛覆的產業之中發芽而成長茁壯。具有創業精神的員工自然會希望解決他們所遇到的問題，但是大型組織很少有興趣用新的事物來顛覆自己的商業模式。雖然大公司可能很擅長漸進式改進，但在談到下一步時，新創公司則處於領先的地位。

　　如果你已經在太空經濟領域或與之相關的領域工作，那麼作為一名有抱負的創業家，你的首要任務就是密切注意在你四周懸而未解的問題。不要去追尋那個「完美的」構想。反之，當新的問題突然出現時，在一份清單上把它們記下來，並養成探索它們的習慣。最重要的是，尋求能夠確認任何特定構想的市場。解決聰明的問題很有趣，但是這個構想是否在某個地方會有某個人可能會願意為其付費？

在杜克大學取得電機工程碩士學位和物理學的博士學位後，Rendered.ai 的執行長兼創辦人奈森·昆茲（Nathan Kundtz）就去 Intellectual Ventures 工作，這是一家總部位於華盛頓州柏衛的私募股權公司，致力於開發和授權技術專利。

昆茲的職位給了他難能可貴的機會，讓他可以與眾多科學家和工程師密切合作，開發以尖端科技為基礎的新產品。當 Intellectual Ventures 分拆出一家以適合衛星通訊應用之新型天線為基礎，名為 Kymeta 的公司時，昆茲即成為這家的公司的技術長，並最終成為這家公司的執行長。

當昆茲隨後在 2019 年創立 Rendered.ai 來開發用於訓練和驗證人工智能軟體的合成感測器數據時，昆茲已經熟悉了創立一家企業的每一個階段。在世界一流的科技教育、第一手接觸到現實世界的創新，以及在科技公司的領導角色之間，很難想像有其他任何人的資歷可以比昆茨的資歷更適合當太空經濟的創業家了。

昆茲的故事是一個很好的例子，說明了接觸現實世界的產業問題，如何能夠激發出有價值的創業構想。在衛星產業工作時，他有機會觀察到訓練人工智慧解析大量數據的應用程式開發人員，所面臨到的挑戰。

　　「人工智慧演算法最終是由用於訓練它們的數據所驅動的，」昆茲告訴我。「最近政府表示，他們需要 5 千萬張圖像來識別每個物體，才能得到 60% 的檢測準確率。當你考量到資料收集和標註，需要讓人們告訴一台電腦每一張圖像中的內容時，這將變得非常昂貴。此外，透過這種方式，你仍然會錯過罕見事件和邊緣情況，而這些對於演算法的表現也是非常重要的。建立這些演算法所投入的80%的時間和費用，都花在取用數據集上面了。」

　　這些觀察激發了為人工智慧訓練的目的而生成人工數據的構想，促使 Kundtz 創立了 Rendered.ai。如果不是因為知道人工智慧的培訓已成為應用程式開發人員所面臨的一項昂貴難題，他不可能以另一種方式去發現這個構想。果不其然，合成圖像數據的各種應用出現在人工智慧圖像分析的整個領域中，包括自動駕駛、醫學影像、天氣預報，到處都有合成圖像數據發揮的空間。

　　這並不代表你需要有強大的產業背景，才能考慮在太空經濟領域創辦一家公司。你只需要仔細思考，作為創業家所帶來的獨特技能和經驗，並找出一種可以充分發揮它們價值的方法。了解你的優勢，並利用它們來引導方向。

有關於創業式創新這一門藝術的完整討論，已經超出了本書的範圍。儘管如此，在你將注意力聚焦在某件有潛力吸引投資者的事物之前，需要先探索不同的構想，這點在太空經濟領域也是一樣的。即使你覺得自己正在做一些有價值且急迫的事情，也請保持彈性和開放，因為當你往感覺客戶願意付錢讓你解決的某個問題邁進時，你可能會需要反覆調整方向。

這裡假設你至少對太空經濟有一定的接觸。如果你甚至沒有和這個範圍內的業務有相關性，那請你先做好功課。在前言中，我談到了我幫助機器人公司 Astrobotic 發展一份商用月球運輸服務市場評估的經驗。我並非在 LinkedIn 上找到這個機會，而是自己構想出這個計畫並推銷給公司，因為我想要他們能提供的第一手經驗。Astrobotic 同意了，因為他們也能夠從我的貢獻中受益。

要在太空經濟領域成為成功的企業家，你會需要對太空經濟有所了解。當你才剛開始起步，代表著要麼你可以試著在這個領域中找到合適的工作，或是像我一樣自願提供服務以初步獲得踏入這個領域的機會。幸運的是，今天要收集這些寶貴的經驗要容易多了。現在的商業太空公司比以往任何

時候都多，而且如同任何其他的組織，他們也需要有人去負責記帳、人力資源協助、網路行銷和財務報告等一切的工作。藉由延續你的「舊」職涯作為踏入新創的第一步，這樣的好處是這也符合新創公司盛行的大家「同心協力」的文化。如果你可以貢獻自己得來之不易的職業技能，即使你可能無法在第一天就設計衛星，但你會發現自己可以在你的核心職責之外的領域，也有其他貢獻的機會，你會累積經驗和學習技能，並在這個過程的一路上發掘到機會。

身處第一線的時間是無可替代的。我認為我在 Astrobotic 的經歷影響了我的發展，我也鼓勵缺乏產業經驗的創業家可以照著我的方式去做，在太空經濟領域找到一份適合你的技能的工作。如果你沒有在人才招聘告示上看到這樣的工作機會，請改為自行推銷自己吧。

無論怎麼做，都不要被矽谷那個關於「大學中輟生在車庫裡打造出未來」的炒作所迷惑。沒有人比我的角色能夠看到更多的創業家在往上爬了，而我可以告訴你，他們都帶著一定的經驗和專業知識來到這個領域。即使前面的道路帶來了一些他們不熟悉的挑戰，他們都了解這個領域並且擁有自己的技能。某位才華橫溢的新手搖身一變成為產業的巨頭，

這純粹只是媒體塑造的神話。即使你沒有在太空經濟的傳統職業長期任職的興趣，但要在任何一個產業中成功創業，其中一項經過驗證的途徑，就是在該產業中任職。

工作經驗會讓你接觸已知的未知。工作經驗還可以提供從招聘和管理，到行銷和銷售等各個方面的經驗學習，同時你還可以賺取薪水。MBA學位可能很有用，但沒有什麼比看著別人在基礎上失敗，更能讓你快速學到經營企業的基礎知識了。等到你對於自己能夠比老闆更擅長管理企業感到有信心時，你就去證明這一點吧。

如果創業這條路對你有吸引力，第8章將會告訴你如何在太空經濟中建立你的職涯，包括從建立專業的人脈網，到如何逐步往上爬。考量到幾乎每位在科技領域成功的創業家，其成功之路都是始於相關的職涯經驗這個事實時，這種方法似乎是一種最安全的選項。

當然，有抱負的創業家這群人整體而言並不以耐心著稱。隨著太空經濟每天都出現在新聞上，在有著如此卓越成長和機遇的時期，想到要花費幾年的時間來實現別人的夢想，可能會讓人感到難以忍受。但即使如此，你仍然可以採取一些措施來降低創業的風險，並最大化提升成功的機率。

了解這個領域的形勢

在任務控制室裡有著巨大的螢幕和一排閃著光點的按鈕，你的腦袋裡也有這個場景嗎？請忘掉它。在太空經濟中，大部分的實際工作都是在筆記型電腦或會議桌上進行的。若是位於基礎設施層之外，你的工作空間可能也不會是在巨型機棚或是發射場的附近。如果有什麼特別的話，那就是：遠距工作在太空經濟中比在其他領域更為普遍。

作為創辦人，你也不需要看起來像約翰·葛倫（John Glenn）或尼爾·阿姆斯壯。雖然就像整個科技產業一樣，確實存在需要克服的多種障礙，但是在太空經濟中的「正確的事物」與你就讀的大學關聯不大，更不用說你的母語、口音或你的膚色。

任何新市場的一個令人興奮的面向，就是社會流動性的潛力。在 1996 年，沒有任何一個人能聲稱自己的家族譜系中有五代傑出的網站開發人員。如果你出於某種原因在其他產業不受人歡迎，那麼請你了解這件事：太空經濟是相對開放和包容性的。

外太空受到嚴格的監管，但與任何白熱化的創新領域一

樣，這些監管也跟不上技術變革的速度。正如我們在 Uber 這樣的產業顛覆者身上所看到的，擴大規模的關鍵之一是找出法規模糊的地方，然後在監管單位、貿易團體、產業監管機構和其他機構擬定有效的防禦之前，就先在這些領域進行大力的推動。（當然，這也有可能拖得太久、太費力，從而造成嚴重的後果，這點在 Uber 的案例上也可以看到。）

破壞某個高度受監管的環境，會需要與時俱進。就 LeoLabs 和太空領域感知（space domain awareness）而言，美國國防部已有提供追蹤和碰撞警告的服務：「如果有一塊大型碎片可能在下週左右逼近衛星，他們就會發出通知，」LeoLabs 的創辦人丹・塞伯利告訴我。「在 2009 年，當一顆美國商業衛星與一顆報廢的俄羅斯衛星發生大規模碰撞時，美國政府可能是世界上唯一擁有識別潛在碰撞的感測器和服務的組織。」

你很難與國防部的免費服務競爭。然而，隨著衛星數量以指數級增加，國防部也正在尋求完全放手太空交通的管理業務。而 LeoLabs 抓住了這個機會，賽伯利說：「我們承接了這些業務量，在低地球軌道中有超過 60% 的活躍衛星都在使用我們的防撞擊服務，沒有其他單位開發出可以解決這個

問題所需的可擴展式架構。」

政府機構的運作方式與私人公司截然不同。對於新創公司來說，這些機構可能是客戶、競爭對手，或兩者兼是。Muon Space 的丹・麥克利斯表示，作為在太空經濟領域的創業家，你必須藉由「立法技巧」來處理這個問題。「你很難打入這個戰場，」他告訴我。「有許多商用的數據集站不住腳，就是因為政府機構和其他組織已經免費提供類似的數據集。」例如，美國國家海洋暨大氣總署（National Oceanic and Atmospheric Association，NOAA）即將其天氣預報資訊提供給一般用途使用。舉例來說，如果你想開發自己的氣象及冊器，那麼問題就變成了，商業市場還需要哪些數據，而且這些數據是在技術上也可以收集的？

私人公司的優勢在於，它可以準確地抓住機會，而不必把心力花在更大型的行政優先事項上。麥克利斯說：「NASA選擇針對海洋科學、陸地或大氣等每個主要類別的氣候指標來發展。在這樣做的過程中，它其實是到處在撒錢。好的科學確實得到了支持，但我們也很難認定『這一定會是接下來的大事件』。」相比之下，產業界則沒有這樣的需求，相反地，公司可以聚焦於用戶可能是誰、誰最終可能為數據付費的這

些「模糊的」問題。

「假設你有一個氣候測量的好方法，」麥克利斯說。「用戶是誰？雖然他們現在基本上不為數據付費，但是數據建模的社群是否準備好開始為數據付費了？如果是這樣，他們會從哪裡獲得資金來為數據付費？石油和天然氣是對商業數據實際存在需求的其中一個領域。顯然，那裡有資源可以作為資料擷取和分析的資金。在天然氣領域，地球觀測數據可以為公司節省成本。例如，如果某家天然氣公司能夠發現某個甲烷洩漏事件，它就可以透過修復來補貼資金。塑膠工業也是如此，該產業有著由監管所制定的製造排放限制，而且可能還會有更多的監管限制。現在，一些購買數據的動機就出現了。」

如果你想強行進入這個領域，就採用麥克利斯的思考方式。Muon 的強尼・戴爾（Jonny Dyer）表示，要在太空經濟領域成功的創業，最重要的是要「了解商業市場的力量與政府政策和監管之間的相互作用」。忽視更宏觀的情勢，將會導致危險的後果。

基礎條件不斷在改變

　　我們正在經歷太空經濟狂野發展階段的結束。監管控制也開始在收緊。你應該記得共乘領域在過去曾經是一片混亂而對無視規則的 Uber 來說是很大的助力。現在，Uber 已經佔據主導地位，但監管的環境也變得更加嚴格。太空也是遵循著同樣的發展模式。

　　政府的嚴格審查也有正面的地方，隨著私人公司拓展了可能性的範圍，也有更多的政府資金可以資助有前景的構想。事實上，政府正是許多創業家第一筆資金的來源，他們需要這些資金來打造向私人投資者推銷時所需的原型，我們也將在下一章探討這樣的模式。

　　雖然針對商業太空飛行一直都有人提出自由主義的言論，以及圍繞著伊隆·馬斯克的種種神話，馬斯克本人卻是很樂於承認，政府的支持對於 SpaceX 能夠打好地基的重要性。

　　「首先我想說的是，與 NASA 合作是我們很大的榮幸」，馬斯克在 2012 年 SpaceX 的天龍號太空船成功發射後的記者會上表示，「並且我們也要表達感謝，因為如果少了 NASA 的幫助，我們就無法開始 SpaceX，而我們也不可能走到這一

步。」在 SpaceX 的第一個 10 年之中，SpaceX 重度依賴 NASA
依合約進度付款來維持公司的營運。與太空經濟領域的許多
其他公司一樣，SpaceX 的成就也是來自公私合夥關係，亦即
企業與政府合作的成果。而這種模式在未來仍然會是關鍵。

太空經濟為有抱負的創業家提供了無論你怎麼看，都可
說是震撼世界的潛力。你不用在這裡拼命地挑出小的構想和
做一些微小的改進。新創公司都正在追求巨大且有影響力的
成果，而如果成功，將會改善這個星球上幾百萬人甚至幾十
億人的生活。

這就是為什麼，世界上最有才華的那些人正在放棄投資
銀行和消費者軟體等利潤豐厚領域的機會，轉而加入我們的
行列。世界一流的人才都回應了這項挑戰的召喚。很少有挑
戰能像緩解氣候變遷、為發展中國家幾十億的飢餓人口提供
食物，或是為受困於專制政權的人們提供網際網路連線等，
同樣地如此振奮人心。

「我真的很想帶來一些永續性的影響，」Regrow 的安娜‧

佛寇瓦告訴我。「我想看著我的孩子們的眼睛說，『媽媽完成了一些事情，讓世界變得更加永續，這樣你就可以生活在其中，然後你的孩子也可以生活在其中。』當人們想到火箭科學家時，他們都認為我們只是夢想著要去火星。有一天，Regrow 可能會有一套在那裡種植馬鈴薯的模組，但我的願景是，首先要先解決在這裡發生的問題。」

在 1968 年，阿波羅 8 號（Apollo 8）發回了傳說中從月球拍攝的地球「地出（Earthrise）」的照片，也就是地球升起的照片。這個震撼人心的畫面激發了環保的運動。我們在外太空所做的事情，對人類有著深遠的影響，而這是許多其他賺大錢的商業活動所不具備的。當你在考慮自己的創業方向時，請考量到這一點。

如果在太空經濟領域創立一家公司對你來說是有吸引力的，你可能會想知道，該從哪裡開始。在下一章中，我們將探討如何在這個領域成為一名成功的創業家、該從哪裡開始你的旅程，以及當你的公司起步後該做些什麼。

5
描繪出前進的軌跡

共同創辦人、客戶和資本

　　我們所投資的公司創辦人，通常都還沒有做好擴大規模的準備，大多數人仍然需要找到產品與市場的契合點。在種子輪階段，創業家會利用投資資金，以琢磨他們的產品，直到聚焦於某個客戶實際會花錢購買的事物上。

　　在上一章，我們探討了太空經濟的潛力領域，以及一些雄心壯志的創業家發掘的商業構想。從通用的解決方案轉變為可行的商業模式，最優先的事情是要找出適合該解決方案的正確市場。當你知道你的第一批客戶可能是誰之後，你的工作就是要更深入了解他們以及他們的需求。

　　請忘掉「有也不錯的東西（nice to haves）」，企業是建立在「需要擁有的東西（need to haves）」的基礎上。

開始把客戶放在心上

　　「『客戶是誰？』是定義企業的目的和商業使命的首要關鍵問題。」管理專家彼得・杜拉克（Peter Drucker）寫道。然而，如果你從未與這些潛在客戶接觸過，那麼了解你計劃銷售產品的對象，也沒有什麼用。要得到答案，你就需要著手去做，而唯一的方法，就是去問他們——從他們想要的功

能，到他們願意支付的價格。

「在 Arbol 之前，天氣風險的保險陷入了先有雞還是先有蛋的情況，」創辦人悉達多・賈告訴我。「當市場很小時，就很少有人願意投入資金。小市場的風險大、流動性差、過於集中。天氣風險市場基本上就是只代表美國和歐洲某些地區的一小部分風險，就多元化而言這並不是很好的狀況。更糟糕的是，由於保險公司承擔了所有這些風險，因此必須收取高額的費用。當保險太貴時，你就不會有回頭客。」

賈繼續說道：「為了打破這種反饋循環，我們做了那些無趣的工作，也就是與許多不同類型的客戶交談，以充分了解他們的需求。這是沒人願意做的事情，尤其是在農業領域。但是這些對話清楚地指出，有許多不同的公司都需要類似的東西，但卻沒有人提供。這個領域有足夠多的未滿足需求，來吸引資本的興趣。」

即使你對自己將提供的產品有大概的了解，早期的客戶對話這類的「無聊工作」，也可以引導你找到產品與市場的契合點。當創業的過程（從找到潛在客戶到籌集資金）突然變得更容易時，你就會知道，你已經找到了對的契合點。如果你找到了人們真正想要的東西，事情的推動就會有一定的

動能。不要將一個不冷不熱的構想推向高峰，而是轉而去推動某個在每次和客戶對話時都能帶來興奮感的構想。

　　不要讓這個過程變得過於復雜。請尋找從 A 點到 B 點的最直線路徑。Violet Labs 的露西・霍格和凱特琳・科特斯的第一步，是從聯繫她們自己的專業人脈網絡開始：「科特斯和我，在我們的職涯都已經從事這些工作一段時間了，」霍格告訴我。「我們覺得非常幸運，可以握有非常好的人脈網，無論這些人是在知名公司還是在新創公司，都是我們很尊重的人。我們利用這些人脈來進行第一輪的外展。我們扮演那些煩人的人，向所有的朋友尋求幫助。」當時，這兩位創辦人的多位前同事都在 Rocket Lab 等公司負責產品團隊，這使這些前同事成為這家新創公司的雲端工程工作流工具在一開始推廣時的理想選擇。

　　霍格和科特斯知道，能夠找到在合適位置的人，只能算是成功一半：「凱特琳和我一直在努力組織我們的宣傳，」霍格說。「我們對於所接觸的對像，也進行深度的思考並慎重考慮。一開始，我們找多個產業的幾十個潛在客戶聊聊。這包括航太和國防、自動駕駛卡車、機器人、醫療設備、消費電子產品，甚至是個人健身和可穿戴裝置。大致上，我們

得到了壓倒性的正面回饋。『你們能夠在昨天就打造出這個工具嗎？』他們問我們。『我們現在真的很需要這個工具。』他們的挫折感是顯而易見的。」

這些最初的成功對話，就是第一張骨牌：「我們與越多的人交談、分享我們的簡報並討論這個問題，」霍格說，「我們就越來越意識到市場可能會更大。有些我們甚至不認識的人也在 LinkedIn 上聯繫我們，甚至發訊息給我們。它成為一個積極在轉動的有機過程。當你有市場想要的東西時，消息就會傳開來，現在，我們很幸運能夠進入航太以外的新產業：機器人、醫療設備、汽車、農業。」這就是產品與市場的契合點。

回顧這家公司成功的種子輪投資，霍格稱這個過程很「瘋狂」，因為一切是多麼簡單：「我這麼說並不是在自吹自擂，」霍格說，「而是這證明了這個產品是多麼地被需要。它引起了很多人的強烈共鳴。所以，是的，我們感到又驚又喜。」

即使你找到了產品與市場的契合點，並讓你的公司順利起步，你也永遠不應該停止與客戶對話。舉例來說，在 Muon Space 的每一項任務都始於一個客戶需求。Muon Space 的目標並不是以「打造出產品，他們就會被吸引而來」的心態，然

後去部署各種可以想像到的衛星感測器。相反地，Muon 深入研究問題的本質，並開發了一種非常適合用來在發射某一顆衛星之前，先解決問題的遙測解決方案。

「我們也很早就與這些市場的客戶進行接觸，」Muon 執行長兼共同創辦人強尼・戴爾告訴我。「早在我們想出感測器工程解決方案的構想之前，我們就在與客戶接觸了，從早期的構想開始，一直到將數據流傳輸到他們組織中的雲端儲存系統中」，Muon 從一開始就與客戶合作。

優先考慮客戶需求的這種方式，使 Muon 在日益競爭的這個利基市場中脫穎而出。戴爾說：「我們並不是希望有某個人會買我們碰巧收集到的數據集，而是希望收集針對客戶試圖解決的問題的重要數據。我們帶來了在遙測的工程和科學方面豐富的經驗，這使我們處於獨特的位置。」

「請狂熱地將焦點放在你的客戶上，」行星實驗室共同創辦人兼首席策略長羅比・辛格勒告訴我。這與戴爾的觀點相呼應。「從所有事情的一開始就要聽取客戶的聲音，這是關鍵。你正在解決一個問題。盡可能專注於特定的垂直市場。」當然，這就導出了應該要聚焦於哪一個垂直市場的問題。某一項單一的技術解決方案可能在廣泛不同的產業被應

用，你必須從某個地方開始，但要明智地選擇，因為你的第一批客戶將無法避免地塑造你的企業軌跡。

與太空經濟領域的許多新創公司不同，行星實驗室並不是以政府機構作為起始點，而是從農業產業開始：「你最早的客戶，對你的影響最大，」辛格勒說。「選擇那些對於當下需要你提供的服務抱持著務實態度的人合作，並且要理解到，這幾年來就是在為他們及其企業打造差異化的能力。你需要的是在這段旅程願意與你攜手前行的客戶。」

辛格勒說，透過儘早開始傾聽對的客戶的意見，「你就可以為某個特定的人打造產品，而不僅僅是為你自己打造產品。傾聽並不代表著你總是按照他們所說的去做。但是，透過履行你所說的話，並一直聽取客戶的意見，你就可以贏得早期採用者的信任。這是打造出滿足用戶需求的產品的必要條件。它會把你拉進未來，而不是阻礙你前進。如果你對客戶展現高度的誠信，並建立起長期的合作夥伴關係，他們就會願意相信你會不斷顛覆自己，以推動他們的使命。」

與行星實驗室一樣，針對客戶的需求，SkyWatch 也是採取策略性的長期作法。「雖然地球觀測有 90% 以上的收入，通常都是來自政府單位，」SkyWatch 的詹姆士・史利佛茲

（James Slifierz）告訴我，「但政府來源僅佔 SkyWatch 收入的 5% 不到。這是因為我們的商業重點不同，我們在這裡是為了使衛星圖像大眾化。我們的最終目標是讓地球觀測數據能夠如同在過去 20 年來的全球定位系統數據一樣，對世界帶來同樣的力量和影響力。」

地球觀測的商業市場運作方式各有不同，因此聚焦於這項重點對於引導 SkyWatch 成長有很大的重要性：「政府會一次性購買大量數據：城市、縣、州甚至國家的圖像，」史利佛茲說。「然而，除了自然災害和軍事衝突的情況之外，政府並不需要這些頻繁拍攝的圖像。」

另一方面，商業的客戶則需要較小區域的圖像，但需要以更定期的頻率進行拍攝。史利佛茲說：「你可能會需要以每週的頻率監控某個建築工地，某個農場則是每三、四天一次。在過去，地球觀測的成本結構並不支持這些商業的使用案例。透過讓從訂購到交付的整個流程自動化，我們也讓地球觀測數據的效率提升，因此普通企業也更能夠負擔。使用衛星圖像應該像看 Netflix 一樣流暢。我們之所以取得成功，是因為我們在了解市場、細分市場，以及設計了客戶成功計劃以幫助特定群體在不同環境下充分利用地球觀測的這些面

向，都有非常好的成果。」

在任何處於技術創新邊緣的領域，研究客戶如何使用數據，就是找出和驗證新產品需求的關鍵：「我們可以獲得大量的市場情報，這不僅僅是來自我們平台上數百萬個 API 呼叫，還有我們在與客戶對話中所獲得的數據。我們即將推出的產品名稱暫定為 EarthCache-X，即使我們尚未整合，客戶也可以取得他們需要的數據。這節省了他們的時間，同時也讓我們可以驗證對該數據集的需求。就前瞻性的東西而言——新的高光譜功能、合成孔徑雷達、和光學雷達（LIDAR）相關的一些有趣的事情——EarthCache-X 也能夠幫助我們衡量在市場的需求。」

當你以產品市場契合度為目標在尋找方向時，你正在建立的企業也可能會發生好幾次根本上的變化。這就是為什麼合適的管理團隊，比你認為想要提供的某項具體產品，可能重要性更高。通往成功的產品或服務的道路很少是一條筆直的路，對我們來說，由富有韌性、經驗和專業知識的創辦人組成一個足智多謀的團隊，比任何單一的商業構想更有價值。所以請像是在挑選客戶一樣，仔細選擇你的共同創辦人。

一應俱全的創辦團隊

完美創辦團隊的關鍵要素是什麼？最重要的當然是這件事從來都沒有單一的答案。（如果某位創業投資家找到了偉大創辦人的秘訣，他們就會遠遠把我們其他人都甩在後面。）記者傾向於只強調成功故事中迷人的一部分，但能夠創造成果的創辦人，有著形形色色的背景與性格。他們的背景和性格，比你從媒體奉承的報導中能夠想像的到的，更多樣化，然而他們也有著一些共同點。

第一個共同點是毅力。當創辦人在推銷他們的企業時，我們會發現願意繼續嘗試不同事物直到有所收穫的特質。第二個是彈性，即對其他的見解抱持開放的態度。如果你在每次進行談話時都確信自己的想法完全正確，那麼你不可能走得太遠。就連史蒂夫‧賈伯斯（Steve Jobs）在做決策之前也會聽取專家們的意見。他只是比大多數人更擅長決定該向哪些專家詢問，以及在面對建議時，何時又該相信自己的直覺。在大多數情況下，賈伯斯已知的事情足以讓他知道那些他所不知道的事情。

一個成功的創辦團隊，最重要的就是成員的互補性。霍

格在亞馬遜的寬頻網際網路星系 Project Kuiper 工作時，遇到了未來在 Violet Labs 的共同創辦人。

「凱特琳和我在產品開發的生命週期方面，擁有非常有趣的優勢，」霍格說。「我的職業生涯主要集中在第一塊整體的一半：系統工程、需求、設計分析、整合和測試。而凱特琳呢，大略可說是第二塊整體的一半：製造、營運、處理供應鏈問題。這是無比自然的契合。」霍格和科特斯因對現代複雜產品開發流程的共同挫折感，讓她們結下了緣分，她們在世界級的組織累積了廣泛且豐富的不同經驗，所以她們都很熟悉這股挫折感。

強尼・戴爾因為 Skybox 而踏入太空經濟這個領域後，就成為 MethaneSAT 的顧問，這家公司是非營利性的環境保護協會（Environmental Defense Fund）的子公司，利用衛星追蹤甲烷排放。甲烷是一種特別強的溫室氣體，被認為是造成全球氣溫上升的大部分原因。戴爾藉由為 MethaneSAT 提供諮詢，而與未來 Muon Space 的共同創辦人丹・麥克利斯（Dan McCleese）和魯本・羅爾斯奈德（Reuben Rohrschneider）搭上線。

對於企業家來說，某個因為使命感而擔任的職位，包括

志願的角色，都會是建立專業人脈網並與潛在夥伴建立連結的有效方式。戴爾、麥克利斯和羅爾斯奈德在為 MethaneSAT 提供建議時，意識到除了甲烷的水平之外，還有其他的測量方法可能有助於應對氣候變遷：「MethaneSAT 很棒，但它把重點放在測量進入大氣的甲烷排放量，」戴爾說。「集思廣益後，你就可以想出 30 種額外的測量方法，每一種對於在未來緩解和適應氣候變遷都會是關鍵。」

藉由做好事，而把事情做好，這個機會催生了 Muon Space 的創立。如果戴爾和他的共同創辦人沒有志願幫助 MethaneSAT，他們可能永遠不會考慮創辦公司的這個可能性，或者永遠不會找到合適的夥伴來一起創辦公司。

讓自己身處成功的正確地點

當被問及為什麼要搶銀行時，威利·薩頓（Willie Sutton）有一句著名的回答：「因為錢就在那裡。」即使在遠距工作的時代，地理位置仍然是一項重要的因素。在許多情況下，你是可以將營運的基礎建立在你現在所在的地理位置。然而，伊隆·馬斯克將 SpaceX 總部設在洛杉磯是有充分理由

的：那裡是火箭工程師聚集的所在地。同樣地，馬斯克在距離西雅圖不遠的華盛頓州雷德蒙德建立了星鏈，以利用該地區軟體人才的集中性。

打造一支優秀的團隊、尋找潛在客戶，以及向投資者推銷的這些任務，都可能會取決於你把資源放在哪裡，而變得更容易或是更困難。地理位置很重要，尤其是在太空經濟的領域中。在你選定某個地點之前，先問自己：這個地點可能會對我們造成什麼阻礙？另一個地點又可能會如何幫助我們成功？

專業的人才是決定新創公司地點的其中一項因素。如果你需要大量的工程人才在現場，那請你硬著頭皮搬到某個技術重心，而不是待在後方的地區空轉。根據你所設想的公司的性質，州和地方的稅收、法規和政府的激勵措施也可能是重要的考量因素。如果要讓你的構想擴大規模會需要雇用到大量的員工，那麼當地的工資條件、生活成本、甚至犯罪統計數據和學校品質等因素，就會是很重要的因素（更多有關招聘人才的討論請見第 9 章）。

與位置有關的最後一個考量因素是，在太空經濟的基礎設施層中營運，通常會需要使用發射服務。在所有條件都相

同的情況下，如果你會製造用於軌道的任何產品，你可能會希望至少有一部分的營運團隊是身處在鄰近發射台的地點。在所有地點之中，SpaceX 的設施落腳在卡納維爾角，因為這個地方已有發射的基礎設施。這些基礎設施之所以存在在那裡，是因為卡納維爾角是美國大陸最接近赤道的地方，且也能夠在此進行水上發射。公司會發生變化，但地理位置是不會改變的。

掌握政府的支持

在這個產業，你會需要培養人才或是僱用人才去找出政府的資金在哪裡。在太空資本，我們經常會寫出創辦人收到的第一張機構支票，但即使在那個階段，我們也期望可以看到一些吸引力，而找到吸引力會需要花錢。

我們認為針對此目的，孵化器這類的計畫沒有太大的價值，因為孵化器通常對創辦人要求太多，而給予的回報卻太少。在太空經濟領域中，以政府作為最早的資金來源，會是更好的選項。無論你來自哪個國家，都要了解政府資金的各種來源，這些資金幾乎是肯定可以提供給追求太空相關志向

且有能力的企業家利用。

我對太空經濟的第一個貢獻是一篇題為「重新思考公私合夥關係的太空旅行」的論文。我選擇的主題並非偶然。從我最初在太空機器人公司 Astrobotic 接觸到太空經濟開始，我就看到了與政府合作在商業太空計畫上的重要性，並且這樣的重要性也將持續下去。正如全球資訊網直接起源自由軍方資助的阿帕網（ARPANET）一樣，太空經濟在政府中的根源也很深遠，而且很可能永遠都會是如此。

國防承包商仍然仰賴政府在營運。當我十多年前寫這篇論文時，SpaceX 也在同一條船上，雖然這個情況已經在一定程度上發生了改變。然而即使時至今日，大多數進入太空經濟的新公司，都是在某種形式的政府參與和支持下才能踏入這個領域。他們用於進行早期研究和打造第一個原型的第一筆資金，都不是來自私人投資者，而是來自政府機構。在美國，這代表著 NASA、美國太空軍（U.S. Space Force）或美國政府許多其他部門的其中某一個部門，在積極資助太空相關的研究，或成為有前景的太空新創公司的首批客戶。

這種情況不會很快改變。60 多年來，太空一直是世界強國專屬的競爭領域。即使是現在，太空經濟的大多數主要競

爭者都以某種形式與政府機構密切合作，或是依賴政府機構的支持。此外，外太空仍然是備受爭議的領域。對於誰該被允許在太空中行動，或者這些人抵達太空後應該被允許做什麼事情，全球各國還沒有達成共識。要考量到發射和著陸的過程所牽涉的危險，還要考量到軍事上的影響——這個部分將在第 10 章中有更深入的探討——在太空經濟之中「快速行動、打破陳規（move fast and break things）」的後果可能是需要以百萬噸級來衡量的。

作為一名創業家，你很可能會與某一個政府單位、甚至是多個政府單位互動。我們將在第 6 章中討論到，多年來因許多政治領導人和政府主管人員的努力，才消除了阻礙太空經濟在美國蓬勃發展的這些障礙。但是由政府官僚機構帶頭鼓勵創業的前瞻性計畫，始終都是很罕見的現象，因此請將政府的因素放在考量的首位。政府的行政管理會發生變化，他們所倡導的政策、計劃和法規也會發生變化。正如市場會隨著時間的推移而演變一樣，政治的氛圍也會隨著時間的推移而改變。

國防承包商曾經牢牢地掌握著政府的合約。這些老牌的組織扮演了創新的抗體角色，阻止了那些商業太空應用試圖

推動政府這一大塊資源在產業內流動的威脅。在幾十年來，承包商都成功地阻止了政府資源的流動。在某種程度上，伊隆‧馬斯克可說是成功打破了他們的箝制，因為他採取了矽谷的毫不設限（no-holds-barred）原則。例如，在一次關鍵投票的當日，馬斯克將一枚獵鷹一號火箭放在一輛平板卡車上，並將其停在眾議院的門前。

以這種方式代表你的公司進行公開的倡議，也是創業的必要過程。如今，SpaceX 擁有一支龐大的遊說集團。當 NASA 以劣勢的條件將某個政治酬庸的合約分給 SpaceX 的競爭對手時，SpaceX 就迅速加入戰鬥，控告了 NASA——這個 SpaceX 自己的最佳客戶，並且獲勝。

在你的新創公司起步後，你可以考慮加入商業太空飛行聯盟（Commercial Spaceflight Federation），這是一個代表著幾百家商業太空公司的遊說團體。此聯盟會從成員公司那邊收集資源，並利用這些資金來推動其成員投票選出的立法優先事項。

我們將在第 6 章中更全面地探討太空經濟的公私合夥關係。要尋求政府的資助，並在這個過程中進一步了解政治的局勢，這是在太空經濟中任何有抱負的創業家都需要採取的

首要步驟之一，就目前而言，你只需要先知道這樣就足夠了。

籌集資本

　　為大眾所知的企業通常可以帶來預期的回報。某位經驗豐富的投資者可以透過觀察人潮和人口統計數據，來確認某一家連鎖經營餐廳的潛在利潤。這是一項相對安全的投資，但回報也很有限。

　　在前瞻的技術創新上進行投資，比開一家墨西哥捲餅店承擔的風險更大，但也更有潛在優勢的空間。新的技術是未知的，因此不會受現狀限制。

　　出租共享辦公空間是眾所周知的商業模式，利潤微薄且成長面臨著許多的障礙。但是將自己重塑為一家科技公司，就像亞當‧紐曼（Adam Neumann）在 WeWork 所做的，就可以吸引像是軟銀（SoftBank）等國際投資者的幾十億美元投資。這是一種巧妙的花招，而作為在太空經濟領域的創辦人，這種方法可能對你也會有幫助。投資者對於仰賴太空技術來為地面客戶提供服務的太空應用或服務技術，都非常感興趣。與現今許多的其他領域不同，投資的資金都聚在這裡了。而

且，永遠不要忽視這個事實：沒有人可以肯定地說某項應用或服務可以有多成功，即使是經驗豐富的投資者也說不準。所以為了吸引投資者，請以太空為你的核心。

考量適合的客戶，並組建了一支優秀的創辦團隊後，當你碰到機會稍縱即逝而必須快速成長時，也許這就是該籌集資金的時候了。這就是丹・塞伯利和他的同事將 LeoLabs 從 SRI 分拆出來作為一家新創公司的原因。「我們的新硬體需要可觀的投資，」塞伯利說。「在世界各地建造雷達需要花不少錢。由於投資者現在對太空都感到很期待，這讓我們實際上可以籌集到這筆資金。然而，為了有效做到這一點，我們需要某個新的實體來供投資者投入資金。」

對於許多太空經濟的新創公司來說，創業投資是一種實際的方法。行星實驗室特別選擇創業投資的原因是：「我們看著 RapidEye 的案例在思考，」羅比・辛格勒告訴我。「德國的創業家早在 1999 年就提出了訂閱制的農業監測服務構想，但直到 2009 年才仰賴銀行的結構性融資而開始這項計畫。由於金融危機，銀行堅持索取償還，RapidEye 就破產了。他們的其中一位經銷商買下了 RapidEye，然後我們又買了那家經銷商公司。現在，我們在做的就是 RapidEye 想做的事

情。」

　　確保你有預留一段足以維持生計的彈性，是非常重要的事：「如果你是某個新領域的先行者，」辛格勒說。「最好不要讓公司捉襟見肘，否則一次的失敗就會讓你倒地不起。為了長期經營，我們總是在即使不需要的時候也會籌集資金。要打造一些東西是很困難的。」

　　在向投資者推銷之前，請先計算一下：這個想法實際上可行嗎？如果你自己缺乏所需的技術能力，請找具有必要技能的人來為你確認這一點。無論你的熱情程度如何，都不要忽視對質量、推力和動量的疑慮。有太多的創業家在向我們這樣的風險投資公司提案介紹自己的公司時，都沒有先做好基本且粗略的計算來驗證自己的構想。我們不應該靠著一台計算機扼殺你的概念。如果你的生意因為諸如牛頓第二運動定律之類的公認法則而無法運作，那麼，請在你自己的時間裡解決這個問題，而不要在提案的會議上討論，你會因此痛失第二次會議的機會。你越善於排除不可能的事情，就越有可能籌集到資金。

　　準備是關鍵，但請你忘掉正式的商業計劃。這已經是過去的遺跡了。如果你想讓投資者驚艷，那就改為開始解決問

題吧。在尋求任何 1 美元的投資之前，如我們之前討論的，請先與潛在客戶進行早期的對話。你所需要的只是一個足夠用的原型來進行有意義的討論。無論你是與電信公司、政府機構還是手機行銷公司坐下來談合作，你都必須提供足夠的細節，讓客戶可以了解你的構想、判斷其潛力、找出任何缺陷，並決定他們是否願意為此付費。

正確的原型取決於你的構想的性質以及團隊具備了哪些技術技能。它可能是一個原始但能夠操作的設備、一個 3D 列印的模型，或是一張清晰呈現出商業模式的圖表。眾所周知，西南航空（Southwest Airlines）最初的概念來自一幅在酒吧餐巾紙上的草圖，西南航空的諸位創辦人並未設計一種新型的飛機，他們是為已經投入使用的飛機，提出一種新的商業模式。餐巾紙，就足以讓他們進入下一步了。

簡而言之，你不需要在軌道上擁有一座能夠完整運行的衛星才能與潛在客戶對話。如果你要推銷的是軟體，請使用線框圖來說明用戶的使用介面和一些預期的輸出。如果你計劃使用的硬體組件是市面上有販售的，那麼一個模型就夠了。如果你計劃從頭開始開發新的組件，那麼經得起專業審查的詳細計劃或圖示，會是好的第一步。

　　與新創公司的潛在客戶對話，並詢問他們是否有興趣購買該產品，以及如果答案是肯定的話，原因又是什麼，作為一名創業投資家，我發現這個方法是很有幫助的。當客戶很清楚表示出對 Violet Labs 的興趣時，投資者也就感興趣了。霍格和科特斯仔細考慮過，在由太空資本引領投資的種子輪中，該採取什麼樣的方向。霍格解釋道：「我們想要多樣性，我們不想成為一家只聚焦於太空的公司。為了讓我們的產品真正讓工程師在使用時感到輕鬆愉快，不僅僅是針對航太領域的工程師，而是應該要對各行各業的各種工程師都具有吸引力和價值。重要的是，要在我們選擇的投資者，以及科技領域代表性不足的群體多樣性中，體現出我們期望的這種多樣性。這對我們來說非常重要，並將成為我們公司發展時的一個重要主軸。」

　　為你的企業挑選正確的投資者，幾乎就與選擇正確的客戶和共同創辦人一樣重要。Regrow 的安娜‧佛寇瓦告訴我：「我與另一位創辦人為了討論某一位投資者而通了電話，他說，『你是怎麼說服他們投資的？』他問了錯的問題。我告訴他，真正的問題是，『你**為什麼**希望他們投資？他們將如何為公司增加價值？』作為創辦人，公司的發展方向會由你

和你的投資人，一起在董事會會議室中決定。他們是否理解你正在嘗試打造的產品？他們可以在你需要進行某項特定的招聘時提供專業的知識嗎？什麼時候要進入市場？何時該拓展你的工程團隊？這些才是真正重要的事情。創辦人團隊會與由投資者所組成的聯盟，一起制定出大部分的決策。所以你會希望，在會議室裡面的都是正確的人選。這其實就是『既得利益（vested interest）』這句話在字面上的意思。你會希望最優秀的人，與你的成功有著既得利益的關係。」

　　但請記住，只有當你的構想仍然不穩固時，才應該籌集資金。如果你有時間可以自行努力，那就靠自己吧。許多仰賴雲端且不需要太多員工或基礎設施的軟體解決方案，都可以快速成長而無需任何形式的外部資金。如果能以這種方式實現你的構想，或者至少在不花費大量資金的情況下，進入下一階段的發展，你可以考慮將追尋這項事業的發展作為一個副業計畫，直到建立起動能為止。這會降低個人財務的風險，為你提供更多的調整空間，直到找到產品與市場的契合點為止。如果你以後會需要資金，當已經擁有客戶群和穩定收入時，投資者也會對你更感興趣。到那時，投資者就可以幫助你邁進下一個階段。

　　然而，如果你必須在禿鷹猛撲而來將這個構想從你的眼皮底下奪走之前，先抓住某個市場的機會，那請籌集資金並利用這筆資金盡快擴大你的規模。新創公司就是為了快速成長而設計的公司形式。為了達到快速的成長，你必須提供許多人都會想要的東西，然後伸出你的觸手，並為這些人服務。只要公司能夠看到成長，其他一切也都會水到渠成。事實上，成長的目標對於作為創業家所面臨的幾乎每一項決定來說，都是一個可以指引你方向的指南針。

　　創業投資是幫助新創公司更快速成長的工具。接連的每一輪投資，都是決定公司生死存亡的一個關鍵評估點。透過充分的計劃和準備，你就可以顯著增加成功獲得每一輪投資的機會。

　　話雖如此，即使你把所有事情都做對了，還是有可能會失敗。

在失敗中前進

　　大多數的新創公司都以失敗告終。根據某些說法，從長期來看，創業的成功率是在10%到20%之間。不論你信不信，

我是認為這是一件好事。新創公司本來就帶有一種實驗室的性質，用來確認某個構想或某一組構想是否可行。完全失敗的美好之處，在於提供了決定性的測試結果。假設你嚴密地管理、把燒錢的狀況降到最低，並以現實目標的方向努力，那麼，在市場上的失敗就證明了你的構想缺乏價值。是時候結束，然後往前看了。失敗代表著可以以明確的心態放下你的構想，然後轉而去追尋其他更有潛力的事情。

作為一名創業投資人，我很樂見在創辦人的履歷上有這類失敗的經歷。事實上，我鼓勵創辦人抱持著「在失敗中前行」的心態。對於創辦團隊來說，手上握著某一個只算是**夠好**的構想，但這個構想卻僅能產生足夠的利潤以自給自足，然後也就僅此而已，沒有其他的發展空間，這才是創辦團隊真正的風險。

創業精神是帶動經濟進步的引擎。作為承擔更大風險的回報，創辦人和投資者有機會為世界創造出具有龐大價值的構想，寫下曲棍球棒曲線的成長趨勢，甚至導致某一種典範的顛覆。如果你原本設想的是一台法拉利，結果卻像是高爾夫球車一樣緩慢前進，那你就陷入了左右為難的困境。該妥協於平庸但有利可圖的事業嗎？或者剪掉魚餌，然後再度去

四處探索，試著釣一條更大的魚？

　　有遠見的創投更有可能支持履歷上曾經有揮棒落空經驗的創業家，他們勝過從來沒有揮棒過的創業家。我們喜歡行動導向的創業家，他們會不斷嘗試，並從錯誤中汲取教訓。成功且沒有失敗過的創辦人，第一次的成功，可能是因為他們很幸運，但是更糟的是，他們可能相信下一次也會同樣容易。我們對於一位身經百戰的創業家會更感興趣，因為他們對挑戰有很深刻的了解，並且會心心念念下一次要做得更好。

　　我希望這篇概述能幫助你看得更清楚，從一個有前景的構想，發展到太空經濟中某家生機勃勃的企業，這樣的一條道路。然而，描述和實際的呈現仍是有差異的。本章介紹的最佳實踐是一回事，但創業活生生的現實又是另一回事。

　　「我希望可以有人告訴我，你真的必須選擇要聽取哪些建議，」Violet Labs 的露西‧霍格告訴我。「我的建議是，要對你自己的想法和前進的道路更有信心。會有很多很有用的建議，但你必須做自己的事情，並且相信自己。」

我們已經看到了要研究太空領域的政治和監管環境的重要性。跳脫歷史的框架不看，太空領域的現況貌似很複雜，且往往令人困惑，然而，如果你可以透過當時業內人士的視角，去了解我們是如何從阿波羅任務的時期走到現在這一步的，你就會對當今的太空經濟有更完善的了解，以及，也會對太空經濟在未來將如何發展更有概念。請繼續往下讀。

6

從阿波羅到 SpaceX 及其他

美國太空野心的衰落與崛起，以及公私合作關係的未來

　　在本書的一開頭曾提到，我將會說明美國太空計畫的衰落以及之後因為公私合作而重生，並帶動了太空經濟成為一種全球現象的這段故事的核心謎團。

　　所以，到底發生了什麼事情？

　　就在美國從犯罪浪潮和經濟低迷中恢復，並取得經濟成功的新高度的同一個 10 年內，NASA 在人民心中的印象卻從卓越的阿波羅登月任務，轉變為價格過高、表現不佳且極其不安全的太空梭計劃，而且這個計畫還造成了不是一場、而是兩場致命的災難。這個計畫在 2011 年退役時，甚至成為許多人心目中代表政府效能低下和浪費的代名詞。這一切是怎麼發生的？

　　儘管在阿波羅計劃之後，美國的太空能力有所下降，但在隨後的歷屆政府執政期間，以及不斷變化的地緣政治格局中，仍然都播下了今日太空經濟的種子。如果沒有幾位有遠見的創業家、投資者，甚至是政府領導人的努力，我們將永遠不會看到最近的創業和創新浪潮，這股浪潮重振了美國在太空的野心，並強化了美國的太空能力。在這次復甦中，最顯著的焦點就是 SpaceX，但是 SpaceX 只代表了許多人在幾十年來不懈的努力的冰山的一角。正如我們將看到的，這些人

的貢獻值得更多的讚揚。

　　講完這個故事後，我還會探討在太空經濟領域的公司，與世界各國政府之間不穩定、不斷改變但最終卻富有成果的關係。在這個充滿希望的轉折上，大多數國家都將直接進行太空探索的計畫轉變為致力於太空的監管，創造一個和平且公平的環境，以支持民營的企業追求自己的目標。

從阿波羅的灰燼中崛起

　　在 1981 年 4 月 12 日，太空人約翰・楊恩（John Young）和羅伯特・克里彭（Robert Crippen）駕駛哥倫比亞號太空梭（Space Shuttle Columbia）進入軌道。STS-1 是太空梭計劃的首次發射任務，5 歲的彼得・馬奎茲（Peter Marquez）當時正在家裡觀看。

　　「目睹第一次的太空梭發射，在我的大腦中留下了無法磨滅的印象，」馬奎茲告訴我。「大概就是從那個時候起，我就下定決心了。我對於任何與太空有關的事情都非常熱衷。」自然地，馬奎茲在青少年時期就參加了太空營，後來，他在喬治華盛頓大學（George Washington University）的太空

政策研究所（Space Policy Institute）取得了碩士學位。

　　馬奎茲在研究所畢業後的第一站是五角大廈。他有 7 年的時間都在與空軍、國防部等單位合作機密的太空計劃，接著，馬奎茲擔任了國家安全委員會的太空政策主任 3 年，為布希和歐巴馬政府提供太空政策方面的建議。而他之後也在商業太空經濟的領域任職，我們將在後面的章節中看到這段故事。

　　在他的職涯中，馬奎茲一直都是美國和全球太空政策的重要人物。即使在踏入民營部門後，馬奎茲仍被邀請就政府的政策繼續提供建議。他幫助制定了《2015 年太空資源探勘與利用法案》（2015 Space Resource Exploration and Utilization Act）和《2020 年美國國家太空政策》（2020 U.S. National Space Policy）。回顧過去的歷史，馬奎茲對於為何美國從阿波羅轉變為以地球為主的務實方向，有他的看法。

　　「一旦你解開了那個密碼，了解美國的太空計劃就很容易了，」馬奎茲說。「那就是政治願望，也就是現實政治。一但你把這些因素加進去，就可以在宏觀的層面上理解每一個太空的決策。從 1961 年到 1973 年，從水星計畫（Mercury）、雙子星計畫（Gemini）到阿波羅計畫，這些任務都是現實政

治。因為那時在冷戰，利用太空作為政治權力的工具，來展示哪一個制度是更優異的制度。就是這樣而已。」

「當我們登陸月球後，俄羅斯人基本上就承認在太空競賽中失敗，自此太空就不再適用於這套戰略了，NASA因而失去目標。雖然NASA試圖弄清楚下一步該做什麼，但卻遲遲沒有具體的目標。」不可能實現的夢想已經被實現了，NASA該如何超越自己呢？

事情開始變得慘淡。由於一系列的失敗和事故，在1960年代和1970年代有幾次計劃好的阿波羅任務都被取消了。然後NASA終止了整個計劃，導致航太和國防產業都陷入低迷。

馬奎茲說：「科學和國家安全方面仍然存在著使命和需求，於是就有了太空梭計劃，這是NASA和美國空軍之間非常昂貴的折衷計畫。然而太空梭計劃沒有辦法完全滿足美國空軍的要求，美國空軍最終完全放棄了這項計畫，這讓NASA被一個欠缺合理論證且極其昂貴的計畫給綁住了。」

雖然太空梭計畫有許多侷限，但是尼克森的政府還是決定把發展美國未來發射能力的重擔全部都放在這個計畫上，不僅縮減了可以執行的任務類型，例如重返月球的任務就沒有討論空間，還讓一次性發射載具（Expendable Launch

Vehicle，ELV）製造商無路可走。

在 1984 年時，一絲希望的微光從地平線上升起。隆納・雷根總統（President Ronald Reagan）在一月的國情咨文中，將太空定為美國的「下一個新領域（next frontier）」，而引起了人們的強烈共鳴：

太空時代發展至今還不到四分之一個世紀，但我們已經藉由科學技術的進步推動了文明的發展。隨著我們跨越新的知識門檻，深入探索未知的世界，機會和工作也將會以倍數增加。我們在太空領域的進步是為全人類邁出了巨大的一步，也是在對美國的團隊合作和卓越表現致敬。我們在政府、產業和學界最優秀的人才，都同心協力，而我們可以自豪地說：我們是領先的；我們是最棒的；而我們之所以能夠有這樣的成果，是因為我們的自由精神。

在最後關於自由的那一段，毫不隱諱地是在攻擊蘇聯。雖然俄羅斯最終在太空競賽中被打敗了，但無論是在軍事上還是地緣政治上，仍是美國的主要威脅。

雷根在演說中宣布了建造國際太空站的決定，以「讓我們在科學、通信、金屬和只能在太空製造的救生藥物方面的研究上，能夠獲得量子飛躍般的進展」。然後，這位前電影

明星開始浪漫地說：

　　正如海洋為飛剪式帆船和北美商人開啟了新的世界一樣，今日的太空也蘊藏著龐大的商業潛力。太空的運輸市場本身甚至可能都超出了我們能夠發展出的能力。有興趣將酬載送入太空的公司，應該要有隨時可使用的民營部門發射服務。美國運輸部將輔導這個一次性發射服務產業的起步。我們很快將會實施一系列的行政措舉、制定放寬監管限制的提案，並在 NASA 的幫助下，促進民營部門對太空的投資。

　　如果這篇演講是晚 20 年發表的話，回顧時似乎會很有先見之明。事實上，演講中所提到的一切幾乎沒有發生，箇中原因我們很快就會討論到。然而，在 1984 年的這段國情咨文，可說是代表了當今太空商業化的誕生。

　　雷根播下了一顆重要的種子，即使這顆種子花了比本來所需還多更多的時間才萌芽：「這些事情需要花很長的時間才能趨於成熟，」麥克‧格里芬（Mike Griffin）告訴我。雷根發表這場演說時，格里芬正在約翰‧霍普金斯大學（Johns Hopkins）的應用物理實驗室（Applied Physics Laboratory），他後來擔任 NASA 署長等重要的職務。「花了很多的時間才做到這一切，」格里芬說，「但這就是一切事情的開始。」

那一年，雷根簽署了一項重要的立法，即《1984 年商業太空發射法案》（Commercial Space Launch Act of 1984）：

我的執政團隊的其中一項重要目標，一直都是鼓勵民營部門參與商業太空活動，而我們也將繼續這個方向。這項立法的頒布，是我們致力於解決民營公司需求的一個里程碑，讓有興趣發射酬載的民營公司能夠使用進入太空的服務。我們預期健康的一次性發射載具產業，可以讓政府的太空運輸系統更加完備，將會為美國帶來更強大且更高效的發射能力，從而有助於美國在太空繼續保持領先的地位。

這項新法律實施了「全面的授權機制，使發射營運商能夠快速有效地遵守現有的聯邦法規，〔這是在〕向民營發射營運商發出一個信號，展現政府在這些營運商背後支持他們開闢新的太空探索領域的努力」。該法案還設置了隸屬於美國運輸部旗下的太空運輸辦公室（Office of Commercial Space Transportation，OCST）。

雷根政府還推翻了尼克森依靠太空梭計劃進行發射的決定：「單是這個決策就拯救了瀕臨死亡的一次性發射載具產業，三角洲火箭（Delta）和阿特拉斯火箭（Atlas）因此獲得中止計畫暫緩的機會。」喬治‧W‧布希（George W. Bush）

掌權時的署長史考特‧佩斯（Scott Pace）告訴我。

雖然雷根在維持與擴大美國在太空梭計劃以外的發射能力方面，做了許多的工作，但 NASA 強烈認為無論發射成本有多便宜，其需求永遠都只有一定的限度。從包括太空資本的湯姆‧英格索爾在內的許多業內人士的角度來看，實現技術創新的「量子飛躍」也不是國際太空站計劃的真正目的。

英格索爾告訴我：「國際太空站的目的，是為了證明太空梭計劃的合理性，並讓這個計畫有事可做。」此時，太空梭計劃已經運作 3 年了，甚至連該計劃的支持者也苦於證明其成本高昂的存在意義。

然而，儘管太空梭計劃存在種種的缺陷，它仍然代表著，透過某種方式讓進入太空成為常態的可能性。佩斯說：「一旦你擁有可以常態進入太空的權限後，其他東西就可能從中衍生出來。在 NASA 的一些先進思想家認為，為地球同步衛星和平台提供服務等活動，可能是通往月球的後門。當你有商業上的理由將人們送入地球同步軌道後，從那裡到月球的額外 delta-v，就相對是小事了。」不幸的是，透過太空梭進入軌道既困難又昂貴——完全稱不上是常態的例行事務。

　　雷根還建立了太空防禦計畫組織（Space Defense Initiative Organization，SDIO），口語上（且帶有嘲笑意味地）被戲稱為「星際大戰（Star Wars）」。太空防禦計畫組織所稱的目的，是在美國及其盟國周圍建立防禦性保護，以防止俄羅斯在發生核武衝突時投放龐大的洲際飛彈儲備武器。「星際大戰」提出要在太空科技的最外層區域部署大規模的系統：粒子束、太空雷射、動能武器、太空飛機。從這些雄心壯誌的目標相對於被取自賣座電影的綽號，「星際大戰」這個組織對美國大眾來說確實就像是科幻小說一樣。從非常真實的意義上來說，它也確實如此。

　　美國政府在太空防禦計畫組織上投入了幾十億美元，並不是為了建造預防飛彈的屏障，而是為了鼓勵人們相信它有可能實現。據親眼見證了這一長串事件的英格索爾所言，成立「星際大戰」的真正動機是要向蘇聯施壓。為此，只需要可信度足夠的威脅，就可以激勵搖搖欲墜的東方集團在國防開支上投入越來越多的資金：核武器、和平號太空站（Mir space station）和其他大型、昂貴的計畫。理想的狀況是，這會加劇東方集團陷入絕望的財政困境，並最終導致其垮台。

　　而正如預期的，美國能夠保護自己免受核武器侵害的這

個錯覺，確實促使蘇聯在太空計劃上超支，並使其人民處在饑餓中。回顧過去，甚至可以說「星際大戰」對鐵幕垮台的貢獻，與任何其他單一因素的影響一樣大。

雖然「星際大戰」可能確立了美國在地緣政治的主導地位，但失去競爭對手卻對美國的太空計劃造成了嚴重的傷害。政府在太空方面的支出一直都很難讓納稅人信服，而與蘇聯的競爭一直都有助於證明投資在太空上的合理性。政治家們現在該如何為 NASA 找理由呢？蘇聯一解體後，「星際大戰」這個組織基本上就消失了。在「星際大戰」的策略獲得了如此徹底成功的同時，卻帶來了一個新的問題：俄羅斯有太多的工程師，都具有火箭、衛星和核武器設計方面等非常具危險性的專業。

「我們遇到了他們可能會擴散開來的問題，」彼得‧馬奎茲說。「於是政治現實再次冒出頭。我們不希望俄羅斯的科學家跑到世界各地，所以我們設計了一套就業的計劃。就像大蕭條時期負責幫助經濟受創地區的田納西河谷管理局（Tennessee Valley Authority）一樣，我們於是建造了國際太空站，讓那些俄羅斯人加入，讓他們有事情可以忙，同時也為太空梭計劃的存在創造一個理由。」這也解釋了美國突然介

入和平號太空站，並開始仰賴蘇聯設計的聯盟號（Soyuz）發射載具的原因。

　　英格索爾說：「當蘇聯垮台時，我們為所有這些俄羅斯技術專家提供了資金，讓他們繼續就業。」英格索爾稱之為「白領福利」，但是這些作法削弱了太空商業化的動力，當時除了科技進步之外，這成為仰賴由政府主導之計畫的強力誘因。

國防承包商主宰的時期

　　「按照太空梭計劃的定價方式，民營的航空公司賺不到錢，因為無法與太空梭計畫競爭，」史考特・佩斯說。「當太空梭計劃因為挑戰者號事故而退出市場後，才有了一些喘息的空間。那些投入於一次性發射的人，又再次看到了前進的道路。」

　　在 1991 年時，太空防禦計畫組織要求麥克唐納道格拉斯公司開發一種單級入軌、可重複使用的發射載具（SSTO RLV）。湯姆・英格索爾在麥克唐納道格拉斯公司工作時，在前阿波羅太空人皮特・康拉德的領導下，在開發快船實驗

火箭的前身計畫上，扮演了關鍵的角色。幾年後在洛克希德馬丁公司，曾經開發出阿特拉斯火箭的通用動力（General Dynamics）團隊，也開始研發洛克希德自己的競爭產品：X-33 冒險之星（X-33 VentureStar）。

通用動力可重複使用的阿特拉斯計劃，在從政府的火箭轉變為商業化系統的過程中碰到了麻煩。然而，海軍上將兼阿波羅太空人 T・K・馬丁利加入後，情況得到了控制。在馬丁利的領導下，阿特拉斯成為了可用的發射載具之中，最可靠的選項──這是一個相對性的說法，但他仍然是達成了一項重大的壯舉。在馬丁・馬瑞塔公司（Martin Marietta）收購了通用動力，然後洛克希德公司又買下馬丁公司之後，新的洛克希德馬丁公司，就讓馬丁利負責冒險之星的計畫。麥克唐納道格拉斯公司的皮特・康拉德和湯姆・英格索爾在快船實驗火箭方面發展得更遠，甚至已經有一個可運作的原型。然而，他們碰到了一個問題。麥克唐納道格拉斯公司正在與波音公司進行合併。在此過度期，公司拒絕在快船實驗火箭計畫上投入對公司來說微不足道的超過 1 千萬美元的資金。

當時，洛克希德馬丁公司向美國 NASA 和空軍出售泰坦火箭（Titan），且售價高達每一枚 10 億美元。這些價值數

十億美元的火箭運載著價值數十億美元的酬載，卻經常發生故障。英格索爾說，或許這個狀況現在看來很瘋狂，但在當時是常態。而且美國空軍和 NASA 都被自己的合約規範給束縛而無能為力。就本質而言，政府支付國防承包商的費用是為了他們的努力，而不是為了獲得成果，所以沒有一家國防承包商真正有動力去努力獲得進展。

冒險之星的悲慘命運，就是這種官僚泥沼的後果之一。當英格索爾和康拉德試圖獲得 NASA 對快船實驗火箭的支持時，洛克希德馬丁公司的執行長諾曼‧奧古斯丁（Norman Augustine）則是每天打電話給 T‧K‧馬丁利，詢問公司該採取哪些措施來捷足先登並打敗麥克唐納道格拉斯公司。馬丁利後來告訴英格索爾，奧古斯丁承諾投資 10 億美元給冒險之星。與麥克唐納道格拉斯公司在快船實驗火箭上投入的那微不足道的 1 千萬美元相比，洛克希德馬丁公司在冒險之星上面投入了鉅資，這使後者成為 NASA 顯而易見的選項。

然而，當 NASA 將 SSTO RLV 的合約給了洛克希德馬丁公司後，公司所承諾的這筆 10 億美元資金卻從未實現。事實上，馬丁利發現他的老闆諾曼‧奧古斯汀，那個每天自己打電話來表達他對冒險之星有多熱情的人，甚至已經不再接馬

丁利的電話了。

　　英格索爾告訴我：「這是這個產業當時的現狀，大型的航太公司並不想要任何形式的商業化。他們投入全力與商業化對抗。也許是我對此很厭煩了，但看起來奧古斯丁會投資冒險之星 10 億美元，似乎只是為了可以在冒險之星威脅到他的泰坦 4 號火箭（Titan IV）的收入之前先將它扼殺。」

　　雖然麥克唐納道格拉斯公司在接近生產就緒的狀態下，敗給了洛克希德馬丁公司，但根本上，兩家公司的情況並沒有不同。當康拉德和英格索爾推動採用低成本的商業方式進行運載火箭的開發時，麥克唐納道格拉斯的航太領導人比爾‧奧爾森（Bill Olson）明確說出了他的優先順序：「可以出售我們製造的所有昂貴產品時，為什麼我會想要做低成本的航太產品？」英格索爾看來，這是從政府那裡賺大錢的捷徑。賣昂貴的東西，然後扼殺任何會威脅到你的商業模式的東西。

　　在奧爾森向他們攤牌後，康拉德和英格索爾退出，然後去打造他們自己的商業太空企業，而快船實驗火箭計劃也被終止了。

第一次的商業太空計畫

在 90 年代中期曾經有一項計劃,是發布價值 10 億美元的招標,以重建 NASA 的衛星地面站網絡。然而,NASA 的副署長喬‧羅森伯格(Joe Rothenberg)認為,NASA 可以採用支付委外商服務費用的方法,所以去投資建設 NASA 自己的資產是沒有意義的。

在 1998 年時,羅森伯格成功推動了商業太空營運合約(Commercial Space Operations Contract,CSOC),這是一項投資數十億美元建設商業化地面站的計畫。商業太空營運合約承諾,透過打造讓新公司可以進入的市場來大幅降低成本,這也代表著 NASA 開始仰賴商業化太空營運的起點。湯姆‧英格索爾最終在這個新的市場內經營著其中一家公司:一家名為 Universal Space Network(USN)的商業追蹤、遙測和控制服務的提供商。USN 最初是 Universal Space Lines 的子公司,該公司是英格索爾在離開麥克唐納道格拉斯公司後,與皮特‧康拉德、T‧K‧馬丁利和布魯斯‧麥考共同創立的公司。(麥考是麥考無線通訊〔McCaw Cellular〕公司的共同創辦人,在幕後一直扮演著投資者、共同創辦人和董事會成員的角色,

在支持早期的太空產業公司方面，發揮了很大的影響力，並善用他的領導力、商業經驗和人脈來支持這些創新。）

英格索爾說：「當你意識到人們會花 1 千萬美元在一個地面站上，並且還有更多個地面站的需求，且所有這些地面站，都會需要有人來操作時，就會看到 USN 的經濟效益是非常引人注目的。只要你能找到某種方法讓這些運作自動化，然後讓這些地面站可以被許多不同的衛星以分時的方式共同使用，就有了一套經典的『買一次然後賣出一千次』的商業模式。USN 在財務上並不能算是締造了巨大的成功，但我們是有獲利的，我們在 2011 年時也以有獲利的狀態下將這家公司出售。重要的是，我們還向業界證明了，商業太空服務的委外確實是可行的。」

雖然 USN 是一個成功的案例，但是它在有一段時間，都仍屬於非主流的案例。NASA 對於太空的商業潛力也深感懷疑。NASA 當時的態度，讓人回想起 IBM 總裁湯瑪士‧華生（Thomas Watson）在 1943 年時斷言，電腦的潛在市場「可能只會需要 5 台電腦」。然而，說句公道話，NASA 的謹慎其來有自。在 90 年代中期，Teledesic 公司曾宣布了一個不切實際的低地球軌道商業寬頻衛星網際網路星系的計劃。這項

計畫在獲得微軟共同創辦人比爾・蓋茲等（Bill Gates）等人的支持下失敗告終，而 Teledesic 的這次失敗，對商業化的這個概念造成了重大的打擊。

為什麼大多數早期的商業化努力都失敗了？其中一項因素是缺乏知識的多樣性和商業背景。舉例來說，在快船實驗火箭計畫結束後，該計畫的總工程師吉姆・弗倫奇（Jim French）去了凱斯勒太空公司（Kistler Aerospace）參與新型發射載具的研發工作。雖然凱斯勒聘了弗倫奇和其他曾經參與過阿波羅任務的傑出團隊成員，但凱斯勒這家公司本身的管理團隊是前政府官僚，所以對民營企業的需求所知甚少。根據英格索爾表示，這家公司內部根本不具備按預算完成大型工程所需的專業知識，且經營的重心也沒有放在這方面上。另一家早期的民營太空公司貝爾航太公司雖然有著商業頭腦，但其工程團隊卻誤判了發射的技術性挑戰，而尋求技術上不可行的過氧化物火箭解決方案。

為了取得成功，一位領導者很顯然會需要同時理解商業上和工程上的挑戰。諷刺的是，一位完全來自另一個產業的網際網路創業家，卻能夠把這兩塊領域結合在一起。

有一段時間，麥克・格里芬都在從事諮詢的工作。他當

時的其中一個客戶是伊隆‧馬斯克，那時馬斯克剛剛賣掉了PayPal。馬斯克來找格里芬，是因為他想把酬載送到火星上。格里芬告訴我：「馬斯克的構想是把一朵花放在鐘形的罩子裏面送上去，然後拍下它的照片，代表著在火星上生長的東西。」當時，前往這顆紅色星球最可行的選項是俄羅斯的SS-18「撒旦（Satan）」洲際彈道導彈。格里芬陪同馬斯克前往莫斯科，在那裡，俄羅斯人像是碰到 PayPal 發薪日一樣，要求他們支付高額的費用。「他們試圖將伊隆扣為人質，」格里芬說。「伊隆告訴他們，他可以付得更多。然後在我們回程的班機上，他就決定要建立 SpaceX 了。」

在馬斯克做出決定之前，Universal Space Lines 公司的另一家子公司 Rocket Development Corporation（RDC）在開發出下一代的發射載具方面，已經取得了紮實的進展。但是就如同網際網路泡沫一樣，這家公司在進行 B 輪投資之前，泡沫就已經消失了。如果你是一位有野心的創業家，在那時希望建立自己的火箭公司，那麼，一家失敗的公司會是一個吸引你注意的目標。

「有兩組人都認真研究了 RDC 這家公司，」英格索爾說。「一個由伊隆‧馬斯克所主導，另一個由傑夫‧貝佐斯

所主導。」正如美國和俄國在二戰後，藉由迴紋針行動來留住德國的火箭科學家人力一樣，RDC 的科學家和工程師也因為這兩個雄心勃勃且財力雄厚的企業家而分成兩半。這兩人之中的任何一個人，都掌握著龐大的資源，且這兩人也都打算提供商業化的發射服務，但是有一項關鍵的差異。

英格索爾說：「馬斯克具備理解發射有多困難的技術專業，並且他有遠見知道該一步、一步地邁進。」貝佐斯有錢，也有商業頭腦，但他也忙著經營全球最大且成長最快的其中一家企業，這迫使他仰賴從貝爾和凱斯勒所聘請的人才。「貝佐斯一開始就以過氧化物火箭為目標，這讓他白白浪費了時間和金錢，這個化學反應就是無法起作用。」

英格索爾將馬斯克和貝佐斯兩人都視為是太空經濟的催化劑，就像馬斯克開創了電動汽車的領域一樣：「我們的狀況是，有一堆人都在製造不切實際的電動車，直到有某一個人做對了。發射服務的狀況，也是如此。馬斯克的成功，終於讓有能力的團隊也都能夠挺身而出，做人們曾經認為他們做不到的事情。這讓我們開始前進了。」

與此同時，NASA 領導者的風向也開始轉變，他們不只轉而支持商業化，更是轉而投身一個更充滿野心的太空觀。

哥倫比亞號太空梭的事故，在改變 NASA 的觀點上也發揮了作用。

史考特‧佩斯說：「當哥倫比亞號的事故發生在組裝國際太空站的過程中時，這引發了一個問題：『為什麼我們要冒著讓人們上上下下、繞地球飛行的風險？如果我們要這樣做，至少應該是為了更大的風險。這場比賽的獎勵必須要值得我們去投入。』這帶來了太空探索的新願景。」

佩斯說：「當麥克‧格里芬向布希總統解釋，要在事故發生後重返飛行時，格里芬明確表示，就算 NASA 已竭盡全力，事情還是有可能出錯。在我們完成國際太空站之前，發生另一次事故的可能性並非為零。房間裡的人臉色鐵青：『你在開玩笑嗎？』」

佩斯繼續說：「我們詢問國際上的合作夥伴，是否要暫停太空站的組裝，我們處於一個穩定的狀態，我們可以停止作業，而不再加裝國際性的模組。但德國總理安格拉‧梅克爾（Angela Merkel）的立場是『你必須去嘗試。如果現在放棄，我們以後就無法展開其他的合作行動了。』我稱許梅克爾，作為在這件事所牽涉的層級中，最後那個促成決策的人。所以布希總統就說，『這些人（太空人）都是專業人士，他們

了解其中的風險。為了美國的榮譽，我們會完成國際太空站的建設。」沒有其他人可以做這個決定，只有布希可以做出這個決定。」這就剩下了用幾乎已經不在比賽跑道上的太空梭計畫，去完成大量工作的這個問題了。

麥克·格里芬表示：「當我加入 NASA 時，太空梭計畫預計在 2010 年退役。我們得到了國會的承諾，也獲得總統以及其他 14 個國家的支持，所以我們會完成國際太空站。這代表著我必須讓太空梭計畫重啟飛行。為此，我組了一個團隊，然後擬定了一個計劃，在仍被允許讓太空梭飛行的時間內去完成太空站。這意味著取消所有其他利用太空站的飛行任務，僅專注於組裝性質的飛行任務上。我們認為，如果能完成太空站，之後也就可以利用太空站。」

「根據哥倫比亞號事故調查委員會，還有一項無協商餘地的要求，是要將太空人與貨物分開。未來的乘員艙可以像汽車一樣帶有行李箱，但不能像太空梭那樣是類似半卡車的形式。所以我們必須搞清楚，如何用無人駕駛的運載火箭將貨物運送到國際太空站。」

格里芬繼續說：「當時，波音和洛克希德公司提供的火箭發射，價格分別都是 3 億美元，美國已經承諾，每年需運

送一定數量的貨物到太空站，俄國也是如此。所以我必須尋找新的服務供應商，因為我們沒辦法負擔以這個價格來運送貨物。」

新的發射供應商還需具備 NASA 迫切需要的韌性。史考特・佩斯說：「哥倫比亞號的事故，也將非相似冗餘（dissimilar redundancy）的價值灌輸到人們的腦中，所以事故發生後，俄羅斯人在國際太空站方面也幫了我們一把。如果沒有俄羅斯人，我們就無法支撐太空站的營運。這讓我們學到了一次刻骨的教訓。」

「我的判斷是，火箭產業可以在沒有政府密切監督的情況下，製造出一台貨運火箭，」格里芬說，「我是一個支持自由市場的資本主義者，我相信競爭。是的，資本主義會需要受到控管，這樣人們才不會成為犯罪分子，但當客戶和供應端之間能夠保持平衡時，自由市場就可以運轉良好。當缺乏商業客戶時，市場根本就無法發揮作用。」

「例如，9G 戰鬥機就沒有商業客戶，如果國家需要它們，就必須由產業界根據合約來提供，但卻缺乏市場的紀律來控制。所以一旦你簽約購買一台 F-35 戰機，你就成為了洛克希德公司的人質。因此，這些產品必須受到政府專家的密

切監督，但是也正如我們在 F-35 戰機上看到的，我們也往往都是疏於做好這類的監督工作。在這個光譜的另一端，是 iPhone。我並不想使用由政府所開發的 iPhone，但是政府可以透過產業界購買到 iPhone。」

「然後，還有一些事情是位於這道光譜的兩端的中間，」格里芬繼續說道。「到 2005 年時，我的判斷是，火箭會落在這中間的某個位置。就通信衛星和圖像衛星形式的火箭而言，火箭其實有著強勁的商業市場。但如果沒有政府所支持的國防產業基礎，商業衛星就不可能存在。商業通信的市場就在那裡，但如果沒有國防作為基礎，你就無法以這個市場為中心，去發展出商業論證。所以單單靠商業衛星本身是行不通的，它們只能夠代表美國的國家層級安全機構，在部分編制下某一項活動的邊際使用。」

「明智的政府政策就可以充分善用這個產業的基礎，來發展商業活動，想像一下，如果沒有貫穿美洲大陸的鐵路、州際公路系統，以及，沒有現代由美國聯邦所控制的空中交通管制的發展，美國的經濟會是什麼樣子。你能想像各州、甚至是各公司有自己的空中交通管制系統嗎？我同時也是商業飛行員，且幾乎每週都會在空中交通管制系統中飛行。我

無法想像，如果是各州或是各公司各有自己的系統，那一切該如何運作。然而，這些目的也並不能證明手段的合理性。橫跨美洲大陸的鐵路建設，牽涉到具有代表性意義的腐敗訴訟，這些訴訟持續了幾十年，導致人們以不應該發生的方式，承受了個人的苦難。」

格里芬也談到：「隨著時間和科技的發展，在需要政府支持的事情和民營企業可以做的事情之間，那條界線也在不斷在變化。電腦是因為政府的主導而首次問世，但是現在，我不會希望政府去插手電腦產業。而火箭最初開始發展時，也是源自政府的主導。在 2005 年，政府仍然需要扮演火箭產業的一部分的這個角色，但民營產業是可以有一部分的發展空間的，民營產業甚至有可能完成商業論證。」

「當我們建立了 COTS（NASA 的商業軌道運輸服務計劃）時，我說服了美國行政管理和預算局（Office of Management and Budget），讓我投入 5 億美元，這是給兩家供應商各 2.5 億美元。在大略估算後，我認為 2.5 億美元大約是一家民營公司為了太空站的補給開發貨運級運載火箭所需資金的三分之一。如果政府先預付了三分之一，就可以讓這些公司能夠吸引到民間的資本，並在沒有政府指定設計的情

況下，以商業化的方式開發火箭。這個構想是我想出來的，但史考特‧佩斯負責處理政策方面的事情，與細心規劃了預算。我只是有了這個構想，然後作為這個構想在大眾面前的代表人物，來支持它的推動。作為 NASA 的署長，我的主要任務還是讓太空梭航計畫重啟飛行，並打造一個得以讓我們重返月球的架構。」

　　格里芬回憶道：「我們舉行了一場競賽，這些公司必須提交一份包括火箭設計在內的商業計劃，但是除非是在專業程度上有很大的問題，否則我們不會去調整火箭的設計。這整個構想，就是我們不去指定設計，就讓供應商來設計吧。當政府要為某個軍事基地購買車隊時，會在通用汽車、福特汽車和克萊斯勒汽車之間進行比較，然後選擇最好的選項進行交易。這就是我想要做的事。然後根據這些供應商提交的素材，我們選出了兩家獲勝者：SpaceX 和凱斯勒。」

　　「SpaceX 和凱斯勒的提案，是提案中兩家最優異的，」為這項決定提供建議的史考特‧佩斯表示。「他們的提案提供了最佳的性價比，同時在技術上也是可靠的。Orbital（軌道科學公司，現在納入諾斯洛普‧格魯曼公司〔Northrop Grumman〕旗下）以些微的差異排名第三，但是它和前兩家

廠商之間仍然有一段差距。但是當凱斯勒未能達到計畫的里程碑時，我們也不會因為改找軌道公司繼續執行計畫的推進而感到遺憾。」

「最終，SpaceX 和 Orbital 都與各自的載貨版天龍號（Cargo Dragon）和天鵝座號飛船（Cygnus）一起完成了任務，而且這兩組太空船都仍在服役。」

格里芬繼續說，「作為 NASA 的署長，我沒辦法制定政策，我只能去執行。如果不能有一台太空梭，也不能有配備人力且可以運送貨物的運載火箭，而我又負擔不起洛克希德和波音公司想向我收的火箭費用，那我該怎麼辦？所以我想到了這個構想，而且這個構想也達成目標了。」

「當然，這還是有限制的，」格里芬補充說道。「因為重心限制，所以無法把你想要裝載的東西盡量放越多上去。且與 SpaceX 不同的是，Orbital 的供應鏈來自世界各地，這也包括烏克蘭，使得 Orbital 在其他方面是很易受影響的。這是不完美的，但是我們的錢花得值得嗎？是的，我們確實獲得了該有的價值。雖然沒有我們期望的那麼多，但也讓其他人都注意到這個問題了。」

這次經歷讓 NASA 學會，為了分散風險而兩方下注的

好處。當下一屆政府利用相同的商業軌道運輸服務計劃合約機制來執行載人的任務時，NASA 再次選擇了兩家供應商：SpaceX 和波音。在歐巴馬總統（President Obama）執政時擔任 NASA 副署長的洛莉・加弗（Lori Garver）對馬斯克達成計畫的可能性持正面的看法，但她也知道最好不要把所有賭注都押在同一匹賽馬身上。

「隨著 SpaceX 的出現，我們看到了某一個人可能真正能夠實現這項高難度的目標，」加弗在 2019 年告訴我。「然而，這也不是我們第一次抱持著這樣的期望。NASA 過去曾支持過凱斯勒與貝爾公司，當押注在 SpaceX 上時，也是一個風險，但政府中的每一個人，都相信由民營企業主導的創新將能夠推進太空的計劃。」

美國太空政策的演變

「當我在制定美國的國家太空政策（National Space Policy）時，我納入了有助於促進商業太空產業發展的監管語言。」彼得・馬奎茲告訴我。然而，並非政府中的每一個人都同意這種做法：「他們的反應就像是，『你怎麼能把這些

文字放在這裡？為什麼要給商業化產業那麼多支持？太空的商業產業根本不存在。』」

國防部裡面也有許多有權有勢的人認為，仰賴民營公司將關鍵的政府酬載送入軌道會威脅到國家安全。據馬奎茲說，這些人告訴白宮，「我們不想把我們的東西放在這些火箭上，它們會爆炸，我們無法信任這些火箭。你的作法會阻礙實際的任務執行。」

而 SpaceX 很快就證明了馬奎茲對商業太空產業潛力的信念是正確的：「如果你現在去看國家太空政策，你會說，『是的，當然。如果你不把那些東西包括進去，那就太愚蠢了。』但在當時我們被視為異端。當時沒有人會談衛星的星系。如果你建議發射 100 顆衛星，大家會說『這太荒謬了』。但是今天，大家會邊打著呵欠邊說，『哦，一個有 5,000 顆衛星的星系？就這樣啊？』在過去 15 年來發生的這些事情，是很令人驚奇的。」

推動太空經濟崛起的政策，是因為新的思維方式才能夠發生改變。馬奎茲表示，國防部的傳統主義者認為「政府人員就應該支持政府計劃」，而他與他的盟友，包括 NASA 的史考特·佩斯和麥克·格里芬，以及白宮科學和技術政策辦

公室的戴蒙·威爾斯（Damon Wells），則對此有不同的看法：
「我們相信，聚焦於政府才是真正的國家安全威脅。我們並
沒有培養新的能力；我們並沒有建立更廣泛的經濟體；我們
也並沒有創造出新的智慧財產權；我們沒有開發新的科技；
我們也沒有出口。如果回顧 2007 年美國發射產業的情況，你
會發現我們明顯因為放棄了商業發射，從而也放棄了在太空
領域的一席之地。」

　　「就我們這一邊的人而言，我們相信商業發射能力將是
我們的救贖，無論是在國家安全方面或是經濟發展方面。」
仰賴民營企業來推動科技進步，是一種毫不掩飾的美式策略，
且馬奎茲知道，他並不是第一個看到這項策略的人：「當我
在撰寫國家太空政策時，我在桌上放了雷根的第一份太空政
策，這份太空政策強調了商業產業可以做到哪些事情。而從
那時起，我們就放棄了所有這些明確被認為是代表著美國精
神的事情：信任產業、信任資本主義、信任科技。在 2010 年
的那時，我不認為自己做了任何革命性的事情。我只是讓回
到了 1980 年代。」

　　今天，國際合作已是這場競賽最重要的要素。史考特·
佩斯說：「在阿波羅計劃的時代，那時的心態就像是，『看

看我有多酷，我可以做別人做不到的事情。」但是今天的氛圍是，『看看我有多酷，每個人都想加入我的團體。』」

「美國正面臨著國安的兩難，」佩斯說。「我們在軍事和經濟上依賴太空的程度，就像是 17 至 19 世紀英國對海洋的依賴一樣，甚至依賴的程度可能更高。我們依賴著太空，但是我們並不擁有太空。我們對太空並沒有主權。我們無法掌控太空，也無法在太空周圍設置圍欄。因此，如果要確保我們的利益，就需要說服其他的主權國家，如果自願與我們結盟將會符合他們的最佳利益，讓他們可以認同這件事。而為此，其他的主權國家也會需要投入某家企業的一部分，這樣他們才可以有意義地參與太空的事務。」

佩斯繼續說：「我喜歡火星，但是火星計劃並沒有不同的價格點讓各國可以有依據去參與。而就月球而言，我可以讓具有不同太空能力程度的國家，也都能以有意義的方式參與。我可以從日本買一台價值幾十億美元的月球車。我可以在一台太空機器人公司 Astrobotic 的月球登陸器上，安裝一輛墨西哥的探測車，這讓墨西哥成為第一個登上月球的拉丁美洲國家。就是這類的事情，讓我們有參與感，並能夠塑造國際性的環境。我不是一個太空商業的理想家，而是在一項登

月的計劃中，我們可以透過商業性和國際性的夥伴關係，來促進我們的國家安全和經濟利益。」

　　「我們也不知道這一切是否可行，如果有人說他們知道，那他們就錯了。在你開始做之前，什麼都不會知道。我們不知道人類可以去哪裡、人類可以做到什麼、人類可以在哪些狀況中生存下來，或者，什麼樣的事情就經濟而言又是有意義的。這就是在探索。我們並不知道，但是我們會找出答案。重要的是，如果在太空中有著人類的一個未來，我希望美國與美國的盟友和朋友都在那裡。我希望這個未來具有啟蒙運動的價值觀：法治、民主、人權。」

　　佩斯也說：「在太空中也會有其他人不認同這些價值觀，那也沒關係。他們有權作為主權國家和身為人類而進入太空。但我不想把太空都留給他們。我不希望任由他們自行制定太空環境的規則。我想與我的朋友一起打造這樣的環境，以維護我們所重視的價值觀。同樣的概念也適用於海洋、天空、網路空間、國際貿易等等。規則都是由出面的人決定的，而不會是由留在後頭的人來決定。」

太空軍

　　「早在 1950 年代，」彼得・馬奎茲說，「對於誰該負責太空事務就有爭論過，是國防部、海軍、空軍還是陸軍？甚至還曾討論過『太空軍』，但人們對這個想法只覺得好笑。『拜託，都還沒有任何軍事能力。』因此建立太空軍的構想並不算新穎，但直到大約十年前才受到大家的關注。」

　　雖然在 2019 年成立的美國太空軍招致了很多懷疑，甚至是訕笑，畢竟馬奎茲本人也擔任了由史蒂夫・卡爾（Steve Carell）主演的 Netflix 喜劇《太空部隊》（*Space Force*）的顧問，但馬奎茲仍認為成立太空軍是一項明智之舉。「現在有了一位專門負責太空任務的負責人，他唯一的工作就是確保我們的國家安全太空系統能夠正常運轉，約翰・雷蒙德上將（General John Raymond）為建立太空安全的聯盟所做的一切工作，都非常有幫助。如果太空仍然只是空軍麾下的一項活動，你就不會取得這樣的進展。」

　　「美國與美國在太空的盟友，永遠都會面臨到威脅，」馬奎茲說。「事實上，我認為，儘管在各個領域的威脅激增，但我們在今日的立足點已經比冷戰時期好了。我們有更多的

盟友和支持者，支持著安全太空行動的想法。這也包括這類的問題，諸如什麼是太空永續性？好人在太空中應該做哪些事情？哪些行為被認為是不良的行為？我們可以共同打造哪些太空的韌性能力？我並不是說一切都很完美，但對於我們應對新威脅的能力，我實際上是非常樂觀的。」

佩斯說：「太空軍並不是在最後一刻隨口說說就出現的。它已經醞釀了 30 年。自 2007 年中國的反衛星實驗以來，我們也看到了越來越多的威脅。值得讚揚的是，歐巴馬政府在太空的韌性能力方面，投入了大量的資金。他們已經為此付了頭期款，然後我們接著進來說，『這太糟糕了，我們正在面臨一場危機。太空將是一切的中心，所以我們需要聚焦在太空上。國會也在向這裡施加壓力，所以我們需要一支太空軍。』我們列出了選項，總統選擇了一個選項，然後我們就往前邁進。」

大眾與民營企業之間發生衝突時

因為 SpaceX 的推動，以及民營企業不再完全仰賴政府的支持，所以民營企業正在做它們最擅長的事情：推動進步。

與此同時，政府也正在做在商業推動進步時政府總是會做的事情：努力跟上腳步。

「目前處理爭議和執行監管的國際單位是否能夠跟上商業活動的腳步，這是我們需要處理的問題，」彼得‧馬奎茲說。「如果我們必須仰賴這些國際和國內的監管機構來做出決定，那這就會是一個真正的問題。產業的發展速度，比政府的動作快得多。如果企業必須等待政府和國際機構來制定法規或進行執法，那麼在不久的將來，我們所製造出的問題將會多於機會。」

馬奎茲繼續說道：「舉一個主要的例子，《外太空條約》的第六條（Article VI of the Outer Space Treaty）規定，一個國家必須授權和監督其企業和公民在太空中的活動。目前，美國已經建立了一套遙測流程和一套通信的流程，但是一旦超出這些範圍，我們就不會提供任何監管指導。投資者不喜歡這種法律和監管的不確定性，因為沒有一個投資者願意去承擔某一項新的法律可能會抹煞掉全部投資的這種可能性。」

與所有的創業活動一樣，監管的不確定性不僅會阻礙進步，還會把創業能量往其他地方推動。從事現有法規未涵蓋的太空活動的公司，紛紛先去國外再返國：「盧森堡接過了

這些重擔，」馬奎茲說。「『你想要一個有彈性、反應積極的監管環境嗎？讓盧森堡來幫你吧。』因為我們無法讓我們的法規跟上在太空領域的投資，所以面臨著將太空商業化的能力強行轉移到海外，而浪費我們為了打造太空商業化能力所做的所有投入的風險。這是一個真正令人擔憂的問題。」

「在國際上，在衛星通信系統投入幾十億美元的公司，都需要仰賴歐盟的國際電信聯盟（International Telecommunication Union），但是該聯盟需要數年的時間才能做出決定。這與商業市場完全脫節。我們是否會看到威尼斯貿易模式的重新出現，即民營公司直接代表獨立國家的層級出面與國際機構進行談判？這些都是我們還沒有開始探討的問題。」

馬奎茲繼續說道：「美國在這裡，有著真正可以與其盟友和夥伴合作的機會，就如同 NASA 制訂了《阿提米斯協議》（Artemis Accords）並規範負責任的月球行為一樣，美國商務部也可以為商業化系統在太空中的運作方式訂定基礎。這樣，就可以避免像是過去，船隻為了逃避本國法規而掛上他國旗幟的方便旗這類的古老海運問題。遊輪會掛上某些國家的國旗是有原因的——因為這些國家的監管限制較不嚴格。

如果有針對太空商業的《阿提米斯協議》，我們就可以預先避免這些問題。」然而，馬奎茲對於這種可能性，看法並不特別樂觀：「在某種程度上，我們需要停止把政府當成領導者，而是要看看有哪些公司會採取行動。現在，公司的能力已經是與國家相當，有些公司的能力甚至已遠遠超過很多國家了。」

在美國，缺乏監管重心使商業化變得更加困難。LeoLabs的丹·塞伯利就是其中一位認為政府可以發揮比目前更有助於商業化的作用。

「我們需要一個太空的行政機構來管理太空的事務，太空軍很喜歡說，太空軍不是監管者，所以無法管理太空。這是美國商務部在這個領域應該發揮主導角色的有力論點。」這種介入也並非沒有前例。塞伯利繼續說道：「在許多其他的領域，如交通、通信或金融服務，政府都從原本的提供基礎設施，轉變為制訂政策、指導原則、法規，以及執法的角色。這樣就可以確保產業的公平競爭環境，來讓產業維持活躍。這種方法將推動美國的太空產業，會對產業的良性發展有很大幫助。」

鑑於創新的步調很迅速，為了跟上創新的步調，政府也

有責任調整監管的結構。為了讓產業能夠有效運作，監管單位必須確保，在太空領域的企業可以安全和永續性的營運，同時又不能扼殺創新或阻礙能夠帶來具體好處且前景看好的新應用成長。

如果你的公司正在做任何真正創新的事情，那請儘早與監管機構接觸，這樣當你準備推出產品或服務時，監管流程也已經順利在進行了。Rendered. Ai 的執行長奈森・昆茲說：「在 Kymeta，我們面臨到聯邦通訊委員會（FCC）的法規所造成的挑戰，其中，聯邦通訊委員會某些針對天線的規範，並沒有考量到我們最新的技術創新。我們針對想要使用的天線進行了工程分析後，與聯邦通訊委員會監管機構的監管者密切合作。我們在這項分析的佐證下，建議了新的規定，而聯邦通訊委員會也修改了他們的規範。」

「如果規則還沒有跟上，要改變它們確實需要付出努力，但這並不是無法克服的事情，」昆茲繼續說道。「創業家會說，『哦！好吧，這些就是規定。』但是如果你找監管人員談談，就會發現他們也有興趣了解更多的資訊。他們也想了解最新的技術，且他們的工作就是確保法規支持著在生態系統中正在發生的事情。」

　　但是這也不代表聯邦通訊委員會總是那麼隨和：「現實是，他們必須考量在生態系統中的所有事情，而不僅僅是最新的這些事物。有時候，這之間是有衝突的。但他們確實也樂於聽聽你在做些什麼，並且也會給予回應。他們會按照政府單位的步調行事，但與聯邦通訊委員會合作，仍然比等新的立法通過要快得多。」

　　正如彼得‧馬奎茲所指出的，投資者不喜歡不確定性。而你也在這章的敘述中反覆看到，每當政府給予市場力量更多空間時，太空的商業化就又會向前邁進一步。

　　現今，太空經濟正在吸引大量的資本，這包括從太空資本等創業投資公司所在的一端，一直到光譜另一端的大型銀行和散戶投資人。而我們在太空資本的投資假設，始終都是，成功會需要對這個領域有深入的了解。

　　在下一章，我們將更仔細探討投資太空經濟時獨特的挑戰性。

7

在高空的買低賣高

在太空經濟投資

　　無論你是從事衛星製造或是軟體開發、火箭設計還是房地產工作，在未來的 10 年，太空中發生的事情，都將與你的工作和產業越來越有相關。太空經濟有望成為全球經濟成長的主要來源，任何人都無法忽視或輕視這個現象。

　　也不是只有金融分析師、創業投資家和投資銀行家才必須了解這些市場如何運作以及產業可能的走向。太空領域的專業人士，如果希望在波濤洶湧的未來的大海中航行，就會需要了解投資的面向。而且由於太空科技是下一個世代的數位基礎設施，太空科技作為「隱形的支柱」已經在推動全球最大的幾個產業前進了，所以你也可以說，我們每個人現在全都算是太空領域的專業人士了。

區分事實與科幻小說

　　我們作為投資者的市場領導地位，不僅歸功於我們有豐富的產業經驗。這是我們營運的方式所導致的結果，也就是我們的投資假設加上執行策略的能力，所創造的成果。在快速發展的市場中評估新的科技和未經考驗的創業家是一門藝術，你需要掌握好的數據、冷靜進行分析，採取有效的流程

做決策，才能從雜訊中提取出可作為行動參考的信號。

在當今炙手可熱的太空經濟市場中，要做到這一點，所碰到的挑戰也是加倍的困難。輕鬆賺錢的承諾，只會吸引那些花言巧語的小販，就像血會吸引鯊魚一樣。看看加密貨幣產業，這種負面的影響更嚴重、更明顯，因此對局外人來說也更容易看清楚，這也說明了在這類環境下，以天真的處事方法可能導致的後果。所以建議你們，要小心謹慎。

在 2018 年，由一位行為古怪且過往記錄不佳的億萬富翁領導的某家公司，宣布預計在 2 年內將人類送上月球。費用呢？一張門票 1 萬元。若是考量到你買一張從洛杉磯到杜拜的頭等艙機票所花的錢甚至是這個價格的 3 倍，這個門票的價格似乎有點好到令人難以置信。儘管事實如此，再加上這家公司的執行長也沒有相關的經驗，但這家公司還是從灣區知名的創業投資家那裡，籌集了幾千萬美元。

拿到大量的資金且距離發射只剩下 2 年的時間，你可能會認為這家公司應該已做好了起飛的準備。但並非如此，反之，這家公司投入大量的資金在打造昂貴的原始尺寸模型，以便帶到華盛頓各地向政府機構炫耀，藉此為其騙局籌集更多的資金。雖然登月的這個目標完全沒有任何切實的進展，

但人們仍然醉心於這個願景。

　　還有另外一位公司創辦人表示，他會把普通人送上火星。填寫一份申請表、支付費用，然後你也可能成為世界上第一批透過群眾外包上太空的太空人。那個傢伙也完全沒有相關的經驗。當他向我提案推銷這個概念時，我問他計劃如何實際去到火星。「當甘迺迪說我們要登上月球時，他也沒有計劃啊。」他回答道。

　　再次引用湯姆·英格索爾的話：「缺乏執行力的願景，就只是幻覺而已。」

　　如果你打算投資太空領域，請保持頭腦的清醒。現在這個時候，並不適合把焦點放在小行星採礦等這類早期太空經濟領域中的野心。太空經濟新興產業的到來，會比許多人想像的更快。儘管如此，在這些超前的可能性成為商業上的實際面之前，我們可以期待會看到穩定的迭代和成果——而不僅僅是空談和華而不實的網站（第 10 章將會更詳細介紹這些新興產業）。與此同時，在全球定位系統、地理空間情報和衛星通訊這三項衛星堆疊之中的真實世界的機會，每一天都在實現，雖然這些機會為會仔細閱讀資料並質疑每一項假設的投資者創造了價值，但這些機會有很多也都被太空的狂熱

分子給忽視了。

在本章，我將說明如何依據指標來瞄準有價值的太空企業，同時避免虛擲資金。

選擇正確的那匹賽馬：評估太空經濟中的機會

如果你只看少數那幾家大聲宣揚自己計劃的「熱門」太空公司最新發布的新聞稿，那些令人窒息的新聞稿可能會嚴重扭曲你對目前可行的事情和即將發生的事情的看法。一點點的炒作就可以維持長時間的影響。所以在熱門的市場，你必須以更廣闊的視角來看待這些炒作的訊息。

如今，就太空經濟而言，優質且值得信賴的資訊來源也比以往任何時候都多。有越來越多才華橫溢的商業記者，以智慧、嚴謹和相對沒有偏見的方式在報導這個領域。這絕不是一份完整的清單，但就太空的企業而言，這些人都是好的資訊來源：麥可‧希茲（Michael Sheetz）、傑夫‧福斯特（Jeff Foust）、摩根‧布瑞南（Morgan Brennan）、羅倫‧格魯什（Loren Grush）、米莉安‧克萊默（Miriam Kramer）、喬伊‧羅萊特（Joey Roulette）、艾希莉‧萬斯（Ashlee

Vance）、艾瑞克‧貝加（Eric Berger）、瑪麗娜‧柯倫（Marina Koren）、阿里亞‧阿拉瑪霍達伊（Aria Alamalhodaei）、克里斯蒂安‧達文波特（Christian Davenport）、肯尼斯‧張（Kenneth Chang）、賈姬‧沃特爾斯（Jackie Wattles）、米卡‧梅登伯格（Micah Maidenberg）和提姆‧費恩霍茲（Tim Fernholz）。如果你想了解太空經濟，請優先參考這些人深思熟慮的言論，而不是參考太空最新的「夢想家」。

　　然而，最終你必須拼湊成自己的一張圖，以了解成長正在哪個領域發生、為什麼會發生在那個領域，以及這個成長可能會導致什麼結果。從今天實際上從發射台發射出去的事物開始，然後再往前探究發展至此的前因後果。這就是投資的基礎概念，如果二手車的銷量上升，樹狀的空氣清新片的需求就會激增。SpaceX 降低了發射的成本而推倒了第一張骨牌，但真正的成長會是源自這項變革所導致的第二層和第三層的結果。而這些結果，又可能是什麼？

　　「降低發射成本，是在我的職涯中一直面臨到的難題，」NASA 前署長長洛莉‧加弗在 2019 年 5 月對我說，「而且還有很多事是可以做的。透過可再用性和競爭，我們將開啟目

前都還無法想像的市場。」對於投資者來說，重要的不是今天賣給客戶什麼東西，而是新產品可以為明天帶來哪些可能性。正如韋恩・格雷茨基（Wayne Gretsky）的著名建議，請滑向冰球要去的地方，也就是，請掌握市場的趨勢。

加弗說：「對我來說，明智的投資選項，就在那些我們知道太空將帶來獨一無二的價值的市場中。」「例如，軌道上有這麼多的衛星，它們是否需要定期補充燃料？它們需要持續的維修和維護嗎？」正如美國的州際公路系統連結了從汽車旅館到麥當勞的所有地點，軌道的基礎設施建設，也將刺激一系列互補的產品與服務的需求。發揮一點想像力，你就會開始看到這些可能性。

「針對以太空為中心的活動投資，範圍是很廣的，」加弗說。「通訊一直都是可以獲利且非常重要的產業。遙測、全球定位系統。事實是，太空從來沒有這樣的機會，這些機會的出現都是因為發射的成本降低。而我們才剛踏上這個起點。」

2017 年時，投資者賈斯特斯・基利安（Justus Kilian）意識到自己在尋找的是具有「整個行星規模」的潛力的科技領域。就在那時，他意識到了，「太空是一個可以投資的類別。」

「我所生活的市場缺乏通訊和網路的基礎設施，這導致整整有好幾代人都落後了，形成了一道數位的鴻溝，」基利安告訴我。「當行動電信公司終於提供基本的存取時，人們迅速創造出傑出且跳升式的解決方案，如行動支付的解決方案、透過分散式網格進行能源生產。隨著電話的費用下降，肯亞的人們也開始使用全球定位系統來追蹤塞倫蓋蒂（Serengeti）的野生動物，並打造出類似 Uber 的本土軟體來調派摩托車式的人力車。」

對基利安來說，當手機的服務遍布非洲時所發生的情況，與衛星星系覆蓋天空時可能發生的情況，兩者之間有著明顯的相似之處：「當我意識到這種真正全球性的技術堆疊的潛力時，我就決定要投入了。」這項決定讓基利安加入太空資本擔任首席負責人。現在，他作為一位合夥人，在公司提供的價值中仍扮演很重要的角色。

營運合夥人湯姆·惠恩（Tom Whayne）是我們另一位秘密武器般的重要成員。在 2021 年時，Maxar 科技公司任命惠恩為策略長。他對公司來說是一個顯而易見的好人選，惠恩曾擔任 DigitalGlobe 的首席策略顧問，協助該公司於 2013

年收購地理空間情報公司 GeoEye。DigitalGlobe 後來則被 Maxar 收購。惠恩也負責衛星星系的資金籌集。而在 2018 年至 2021 年擔任 OneWeb 的財務長時，OneWeb 在惠恩的帶領下，成功籌集超過 30 億美元的資金。他還負責控管 OneWeb 在 2020 年出售的流程，這項出售最終讓 OneWeb 被由 Bharti Global 和英國政府主要組成的聯合集團收購。

惠恩在瑞士信貸第一波士頓（Credit Suisse First Boston）和摩根士丹利這類的投資銀行機構累積了成功的職業生涯後，他也因此轉往太空經濟發展。惠恩雖然看到了投資銀產業的優勢，但他希望身處於真正的行動所發生的地方，而且在他的產業中，似乎很少有人意識到這一點。

「太空在很大程度上仍是一個利基市場，」他告訴我，「而且投資銀行在這個領域的創業投資活動並不多。」當真正達成籌集資金的交易時，就會由專門從事電信、航太和國防的銀行家以副業來處理。「現在，大多數銀行都有專任從事和航太產業的資金籌集及策略性活動相關的工作，」惠恩說。「過去 10 年的技術和監管變化，也有效擴大了這個生態系統。」

如今，美國銀行（Bank of America）、摩根士丹利和其他

大型金融機構都積極在打造太空的投資工具並教育客戶這些
投資機會。勤業眾信、麥肯錫和其他顧問公司也加入了這場
競爭。任何認真的市場競爭者,都無法再忽視這個機會了。
不幸的是,許多為這些大型機構提供太空經濟諮詢的「專家」
都缺乏人脈、營運的經驗和相關的工作資歷,而無法提供值
得信賴的指引。

　　在惠恩看來,為新創公司籌集資金這件事變得容易許多:
「僅僅因為 SpaceX 的因素,太空領域就變得更受到大家的期
待,」他說。「太空變得眾所矚目,發射的成本下降,為更
多的使用案例打開大門。從地緣政治的角度來看,中國人看
到馬斯克的這些行動而感到緊張:『為了國家安全,我們也
必須投資太空。這個人正在將這個產業推升到另一個水平。』
這不僅影響到我們這個國家,也影響到我們最直接的戰略競
爭對手。」

　　惠恩看到了 SpaceX 的每一項技術突破都造成了連鎖反
應:首次的成功登陸、首次的載人發射等等。每當 SpaceX 又
上新聞時,惠恩都會看到公司的創立、太空領域的創業投資
以及太空領域的活動,都會全面性激增。對於政府來說也是

如此，且不僅限於美國和中國，而是以全球為範圍：「馬斯克嚇到了競爭對手，同時也嚇到了全球的政府。」

當惠恩決定將自己的職業生涯重點放在太空領域時，也做足了功課：「優秀的銀行家會找比自己更了解這些事業的人學習，」他說。「你傾聽、你學習。對於那些真正思考過和自己的商業計劃相關的關鍵技術和商業考量因素的人，請多加利用這些人脈。你與他們對話、做壓力測試，並做敏感度研究。」

事實上，惠恩花費大量的時間與那些比他更了解產業的人交談，而這件事讓他在同行中顯得有些異於他人：「大多數銀行家都會拿到一份管理用的商業計劃，然後去計算數字，就僅此而已，」他說。「一位優秀的銀行家會向熟悉實際狀況的人學習。例如，就牽涉到國家安全的衛星公司來說，你所打交道的董事會成員和高階主管，都會是老於世故的人，其中有一些人甚至具有情報的背景。這些人不會明確告訴你任何事情。然而，你可以從他們願意表達的擔憂中看見脈絡，如果你留意到的話，這些線索就有助於你去找到真正重要的事情。」

接下來，惠恩相信太空經濟將繼續以反週期的趨勢發展，

因為太空公司不像其他前瞻的科技投資有那麼高的風險。許多在太空經濟中佔據領先地位的公司，對於不斷變化的市場條件也是相對具有韌性，因為這些公司都是向政府和企業提供關鍵數據的價值鏈的一份子，且按說，在動盪的時期數據方面的支出反而是增加的。

「太空經濟正成為戰略性通訊的主幹，」惠恩說。「從政府的角度而言，衛星通訊和地球觀測的使用案例只會不斷增加，而政府正是這些數據的傳統客戶。這些預算在全球的國防預算總額中所佔的比例都在增加。只要你有政府資金來源，就可以度過經濟低迷的時期。」

相較之下，商業化的發展也為公司提供了更長期的優勢：「隨著成本下降，商業的使用案例也持續拓展，」惠恩說。「我們看到了太空科技的新應用，如雨後春筍般出現。例如為了應對更嚴格的監管審查，對有效監測技術的需求，就不斷在增加，這也讓資金正在流入環境的產業。」

惠恩在尋找的，是採取「雙客戶方式：部分政府、部分企業」的企業。這是一個兩全其美的策略，「以追求多元化市場為方向的公司，將位居有利的位置，」他說。「對於那些只聚焦於企業客戶的人來說，事情可能會變得非常週期性。

但是當你的第一個客戶是政府，並且從那裡作為起點開始擴張時，你在任何環境中都會居於有利的位置。」

惠恩認為，太空經濟領域的最佳客戶仍然是美國國防部，「無論是從市場的潛在需求量的角度來看，還是更重要的，從科技創新的角度來看。」為「世界上最重要的客戶」打造有價值的產品，然後，為了推動長期的成長，從那裡開始擴展到企業的市場。

這也是惠恩作為 OneWeb 的財務長時，為 OneWeb 所設定的策略，而這也是如今 Maxar 的策略。「如果某一家新創公司只專注於企業客戶上，是我的話會感到緊張；如果是兩面下注，從政府開始，然後轉發展企業客戶，這樣就會比較有趣。」以政府為客戶的另一個好處是，這讓政府領導人可以「參與對話」。

「不然的話，你就會被排除在外，不僅是在資金方面，而更是在技術轉移方面。」惠恩認為要在新興市場中成功營運公司，會需要具備這個領域的意識：「你必須做盡職調查，你必須努力去找出當時的實際狀況。如果像我一樣，你會具備金融背景的視野，但同樣重要的是，你手邊也需要有你可以信任的技術人員。我最依賴的就是技術人員了。如果這個

人對市場也有一定程度的理解，那是最理想的了。」正如我們在前一章探討的凱斯勒和貝爾航太公司的失敗，「會遇到麻煩的都是那些孤立且不了解這兩個面向的人。」

在惠恩看來，管理團隊需要具備以下這三項特質。第一，是對技術和相關的技術問題有深刻的理解。第二，是具備明確且符合現實的商業策略，而能夠帶來吸引人的風險調整後收益（risk-adjusted return）。第三，是溝通能力。

「許多創業家在提出有趣的想法時，都存在商業或財務上的盲點，」惠恩說。「另一方面，財務團隊又通常都是由沒有策略背景的會計師組成。因為他們只會從如同後照鏡的觀點往回頭看，所以這些財務團隊會碰到麻煩。會計師知道如何說「不」，但不知道如何以負責任的方式點頭同意策略性活動。而國防承包商也是因為抱持著這類的心態而惡名昭彰。」

惠恩認為，創始團隊如果不僅是具備商業和技術的敏銳度，而且還具有溝通和協作的能力的話，是最萬無一失的。「最有價值的就是能夠連結每一件事情。要籌組團隊並在團隊之間建立良好的溝通，並不容易。你最終可能變成某個強

勢專制的創業家。無論一位創業家是什麼樣的背景，這些背景脈絡都會以某種方式影響整個組織。一位創辦人可能是有遠見的，但如果他忽視了商業方面或財務方面，或者將那些擁有這些專業知識的人排除在討論之外，那就會產生問題。」

在接下來的幾年裡，惠恩預期在太空經濟的每一個類別，都會出現一股主導的力量：「將會出現一家主要的競爭者而其他五到六家公司則是會合併，抑或是破產，這樣的狀況。在每個領域都只會有一家主要的公司。回顧過去，Google和亞馬遜也是經歷了最近一次的網路熱潮後站上主導的地位，這一路上因而倒下的公司也很多，但大家最終也很滿意Google和亞馬遜。」

簡而言之，將會有大量的價值被創造出來，但這些價值會集中在每一個類別內的一到兩家公司上面。而隨著市場證明哪些新興技術是成功的，整合也會因此加速。

「老牌企業正在努力擴大它們的規模，以抵禦新進者，」惠恩說。「與此同時，太空產業對國家安全的重要性也正在增加。由於地緣政治所發生的事情，資金正在流向這個方向。而所有這些投資所驅動的創新，例如低地球軌道星系，從國

家安全的角度來看都是具有關鍵性的。」

　　當然，國防只是推動投資的幾個優先順位排在前面的項目之一。

　　「從氣候的角度來看，」惠恩說，「除了太空以外，你還有什麼其他的方式可以用來監測地面上的真相呢？對於任何形式的地面監測，你都必須問，負責執行監測的一方是可信的嗎？例如，如果有人在俄羅斯使用地面技術監測排放，你會相信這些數據嗎？也許不然。但如果你能透過太空，並以全球標準化的方式監測排放，那答案就是『是的，你可以相信』。」

　　惠恩認為這三項衛星技術堆疊正變成全球基礎設施的其中一塊重要的組成，「這不僅是從通訊的角度來看，從處理和儲存的角度來看也是如此。公司和個人將越來越依賴太空的基礎設施，而這種變化只會更加速。」

　　我要再重申，現在仍處於早期的階段。在太空經濟領域只有很少數的公司有上市，個人要投資這些機會的選擇，也

很有限。對於像我們這樣的創業投資家來說，要參與種子輪的投資機會，也是需要投入大量的心力——最重要的是，需要精心培養和監控我們的專業人脈網絡。當有某個人離開重要的職位去「開始忙新的事情」時，當然，我們都會留意此人的動向。正如賈斯特斯‧基利安所指出，對位於種子輪投資階段的公司來說，團隊和原型是同等重要。擁有錯誤想法的正確的團隊，會比擁有正確想法的錯誤團隊更快進入下一個階段。

我們認為，我們的角色就是在有抱負的創辦人甚至還未決定要創辦公司之前，就為他們提供所需的支持。這種支持可以是採取一對一對談的方式、與產業專家和可能的共同創辦人建立連結的，或透過我們的 Space Talent 太空職務招聘平台來主導協助公司招募第一批員工。我們尋求與創業家建立關係，並在我們公司有任何有利可圖的機會之前，就先為他們增加價值。

投資太空經濟可以帶來龐大的潛在投資回報率，但如果你自己具備所需的人格特性和技能，為什麼不在太空領域展開你的職涯，並以此賺取公司的股權呢？在下一章，我將剖析整個太空經濟領域的專業人士和領導者的樣貌，以及分享

他們關於踏入這個領域的門路，以及進入這個領域後如何晉升等得來之不易的建議。

8

探索太空的職涯發展

抓住一生一次的機會

在牛津大學賽德商學院研讀市場如何形成，讓我看到了太空經濟的潛力。不用多久，我就無法停止地陷入了這個想法：我想加入這個令人期待的新世界。雖然我很積極透過新聞在觀察產業的動態，但我仍然只是一個感興趣的局外人。在局外觀察這個領域時，我懷疑我這樣缺乏技術背景的人，在太空經濟之中是否也可以有一席之地。

由於缺乏明確的職涯道路或參考榜樣，我知道自己需要發揮創造力，才能成功踏出第一步。我該從哪裡開始呢？

當時，非技術的職缺機會，基本上在太空經濟中是不存在的。從我 2012 年時的角度來看，對於某個專業經驗以創業和銀行業為主的金融、經濟和商業人士來說，沒有任何門路可以踏入這個產業。但是身為學生，甚至是一名成年的 MBA 學生的好處之一，是專業人士更有可能花時間回答你的問題。

在蒐集業內人士的看法時，我把學生證明當成記者通行證，我接觸了身處發展中的太空經濟各領域的人們，邀請他們進行資訊式面談。令我驚訝的是，我受到了開放且熱情的歡迎做為回應。且這些專業人士大聲給我的回應是：是的，這個產業都是技術人員，但它也需要更多商業導向的人員加入，並以高效、有效率和負責任的方式來管理其成長。

　　結果，我的商業經驗使我成為獨角獸。當時太空經濟仍處於創新的 S 曲線非常早期的階段，而大多數以商業為導向的專業人士，都還未看到它的潛力。從那些在太空經濟領域任職的人來看，我可以在那裡為自己開拓出一條道路。

　　正如我在前言提過，我獲得相關經驗的第一步，是為 Astrobotic 提供無償的服務。如今，隨著太空經濟的基礎更穩固，也有更多有給職的入門工作機會可供選擇，對於工作角色的需求也更多元，不再真正需要做免費的工作了。

　　而就如同太空的觸手逐漸伸到商業的各個部分內，幾乎所有類型的職業也都和太空經濟有關。然而，太空領域的職涯的樣貌，以及求職者該如何獲得這些職位，仍然缺乏清楚的資訊。競爭是非常激烈的，想在這些公司工作的人，比以往任何時候都多。你該如何被注意到？主管真正在找的是什麼樣的特質？

　　無論你是即將完成學業並開始尋找第一份全職工作，或者是像我一樣，為了令人期待的新方向而打算離開某一個產業，在太空經濟之中，都會有適合你的位置。另一方面，你可能是已經準備好去迎來這個產業內的變革，也許是想把枯燥乏味的國防承包商工作拋開，去尋找一家激勵人心且敢衝

的新創公司。或者，在歷經了自己創業的辛苦之後，你可能
已經準備好為一家大型衛星製造商工作了。你來自哪裡或是
希望去哪裡，都沒有影響。本章將透過成功太空專業人士的
故事和建議，點亮往前邁進的道路。我將會探討，在這個不
斷變化且快速發展的環境之中職涯發展的各個面向。

通往太空經濟的教育途徑

「要踏入太空領域工作，會取決於你現在位於職涯道
路上的哪一個點，」太空資本的合夥人賈斯特斯·基利安告
訴我。「如果你還在讀大學，就有大量的機會可以參與太空
領域，例如 NASA 舉辦的挑戰賽。你也可以尋找為目前正在
打造的硬體或軟體工作的機會。這些工作會有助於你整理出
一份自己的作品集，展現出你的好奇心、興趣以及能做的事
情。」

身為歐巴馬總統執政時的美國 NASA 副署長，洛莉·加
弗在太空經濟的發展中也扮演了重要的角色。「我不是一名
工程師，也不是一名科學家，」加弗告訴我。「但是我有政
治學和經濟學的背景。我就是這樣踏入太空領域的。」如今，

她是哈佛大學甘迺迪學院貝爾弗科學與國際事務中心的高階院士，也是 Hydrosat 公司的董事會成員之一。

加弗也是地球升起聯盟（Earthrise Alliance）的創辦人，這是一個利用地球觀測數據來對抗氣候變遷的非營利組織。她也是布魯克・歐文斯獎學金（Brooke Owens Fellowship）的共同創辦人，這個獎學金為那些對航太感興趣的女性提供有給薪的實習機會，以及高階主管的導師式指導。

儘管並沒有傳統的理科與工科背景，加弗卻在太空經濟領域有著頗具影響力的職業生涯。在 NASA 時，加弗曾擔任比爾・柯林頓（Bill Clinton）執政時的政策主管，之後她繼續為約翰・凱瑞（John Kerry）和希拉蕊・柯林頓（Hilary Clinton）的競選團隊制定太空政策。在 2008 年民主黨初選期間，加弗與歐巴馬的太空政策專家辯論後，歐巴馬團隊就邀請她負責領導 NASA 的交接團隊。

加弗說：「我同意後，他們就問我，如果是在這個政權內，我最想做的事情是什麼。我父親總是建議，要求比我想像的更高一階的東西。因為我的夢想工作是美國 NASA 的參謀長，所以我就回答，『副署長』。」令加弗驚訝的是，她得到了副署長的工作。

　　加弗與其他人共同創立的布魯克・歐文斯獎學金是一個很好的例子，是對太空感興趣且有才華的年輕人可以參與的許多不同類型的計畫和機會的其中一個選項。

　　「我們獎學金的目標，是支持太空社群變得更多元化而因此更具創新力量的整個勞動力人口，」加弗說。「這個計劃為女性大學生提供在商業航太公司實習的機會。我們也為這些學生指派有成就的業界導師。我對於太空社群能夠以這種方式支持這項倡議，感到非常自豪。」

　　布魯克・歐文斯獎學金的一項衍生計畫，是派蒂・格雷斯・史密斯獎學金（Patti Grace Smith Fellowship），這項獎學金的設計也遵循類似的主軸，致力於為那些「因種族和族裔而遭受系統性偏見的人，打造出一條有意義且有力的道路，讓他們能夠往成功的航太職涯前進並成為未來航太產業的領導者」。

　　青少年時期的派蒂・格雷斯・史密斯，是導致阿拉巴馬州學校整合的那件具有歷史性意義法律案件的原告。之後，她在太空領域中也有著輝煌的職業生涯。在眾多的角色和成就中，史密斯擔任商業太空運輸辦公室的負責人十多年，「監督了第一個內陸太空港獲得許可、第一次民營的載人太空飛

行，以及伊隆‧馬斯克的民營開發火箭，也就是 SpaceX 的獵鷹 1 號運載火箭的首次發射。」

高等教育無法避免地跟不上因為科技熱潮而突然出現的技能需求。然而，隨著過去幾年太空經濟持續成長，頂尖的教育機構也開始跟上了腳步。例如，哈佛商學院（Harvard Business School）才剛開設了這門課程「太空：公共和商業經濟學（Space: Public and Commercial Economics）」，這被認為是「精英教育機構第一門教授關於太空領域經濟學的課程」。擔任該課程教授的馬修‧溫澤爾（Matthew Weinzierl）教授希望這將「激勵其他機構也推出它們自己的太空領域課程，並讓這個主題在商學院被更廣泛地討論」。

這些都還只是粗略的教育資訊，實際上，在網路進行搜尋時，會發現教育性計畫、公共和民營單位的獎項、補助金，以及實習機會有如雨後春筍般越增加，還有其他旨在給予對太空感興趣的人才鼓勵和賦能的學術與產業機會。如果你還不具備為太空經濟做出有意義貢獻的技能，就去參與這些活動吧。

正確的能力

直接與太空經濟領域的領導者對談時，你會發現人才短缺是現今公司成長碰到的最大阻礙。在 10 年前，太空的新創公司會從蘋果和 Google 等公司挖走科技人才。如今，太空公司彼此之間也在進行人才的搶奪。

以具備射頻工程等專業技能的人力而言，競爭可能是非常激烈的，因為工程師仍是供不應求。然而人才的缺口將會縮小。相較於了無生氣的網路巨頭提供的工作，一整個世代具有學術背景與天賦的千禧世代和年輕勞工為了尋找其他更有意義的工作選項，正在轉而進入太空領域。與此同時，年長的科學和工程人才，也對於官僚主義和龐大的在位者勢力導致的停滯感到沮喪，而正在經歷職涯後期的轉變，尋求更生氣勃勃的工作機會。

這股人才的需求，加上對隱性人才的資料的需求，促使我們建立了 Space Talent 這個求職平台。這是一個人才的市場，讓太空經濟中的公司與世界上最優秀的員工連結上彼此。在撰寫本書的此時，Space Talent 上已有 700 家公司開出的 3 萬個職缺，Space Talent 將可靠的雇主與頂尖人才相匹配的同

時，也提供對於不斷拓展的太空領域職涯機會的洞察觀點。

　　即使你還沒有做好準備要認真找工作，Space Talent 也值得你留意。你可能會對於在上面招募人才的組織角色範圍和多元化感到驚訝。然而，要能夠善用這些機會，會需要具備超越任何特定技術技能的特質，學術的背景固然重要，但公司更感興趣的，是對太空領域表現出的興趣與在現實世界累積的成就履歷。

　　Rendered.ai 的創辦人兼執行長昆茲告訴我，「我喜歡依據能力以及完成工作的意願來聘人，可以看到對方能夠達成任務的實績會有所幫助。」也不要等到你的第一份工作，才開始累積在履歷上的成果。「即使是在大學裡，也有辦法參與超出課堂要求的學術計畫。你也可以在一些實習工作為有意義的交付成果做出貢獻。在實習時打造一個小工具，也是向內部客戶銷售的一課。對於你所打造的東西，這也是一個能夠更深入使用者的機會。」

　　跳脫技術性的挑戰是關鍵。昆茲表示：「展現出你已經花時間思考過『誰會使用這個產品？他們需要的是什麼？』對於想進入這個領域的人來說，這是一項可以脫穎而出的特質，你不僅要對產品的品質有敏感度，還要對客戶的需求有

敏感度。他們將如何使用這項產品？你可以如何幫助他們？顧客買的不是產品，而是解決方案。所以我會嘗試聘請那些『提出解決方案的人』。而在一個人職業生涯的早期，通常就很容易看到具備這種心態的特質了。」

如果你已經具備技術技能，請思考如何透過領導力、管理和溝通訓練來強化這些技能。對太空資本的管理合夥人湯姆・英格索爾來說，獲得工程管理碩士學位的條件，是要修好幾堂核心的 MBA 課程。而回顧過去，英格索爾認為，如果他在沒有商業背景的情況下在麥克唐納道格拉斯工作，只會「陷入分析或寫程式碼的泥沼」。反之，他卻被派去從事更有遠見的工作。

「我可以管理專案，因為我了解預算、時間表、管理方法、行銷以及如何與客戶合作，」英格索爾說。工程和其他技術技能是很關鍵，但如果只具備技術性技能，你的領導潛力就會受限。要研究背後的原因，而不僅是聚焦於達成的方法，要去考量更廣泛的途徑。

由於這個領域的變化如此之快，如果你的學位與你的職業選擇不完全相符，也沒關係，你總是可以找到彌補這一點的方法。賈斯特斯・基利安說：「在向 SpaceX 這樣的公司申

請一些熱門的職位時，曾經以實習生的身分參與現實世界的計畫，或參與過其他類型的計畫 ，也會有很大的影響，你需要展現出學業成績以外的能力。」

他補充：「無論你處於職涯的哪個階段，首先要自行研究你所感興趣的產業領域，無論是地理空間、物聯網、太空技術，或是地面技術等等。去找大家聚集的社群，建立你的專業人脈，只要跟著你的好奇心走，機會是無所不在的。我們才在比賽剛開始的前面幾局而已。」

選擇對的工作

一個人在太空經濟中可以扮演許多不同的角色。然而，對於許多宣稱對太空感興趣的人來說，夢想都是以同樣的方式開始的。「在高中時，」Violet Labs 共同創辦人露西・霍格告訴我，「我決定要成為一名太空人。我一直對未知的領域和新的邊境感興趣。顯然，太空就是最棒的選項。」

成為一名太空人，幾乎可說是那些尋求刺激的孩子普遍的渴望。然而，當你更了解可善用的不同機會，就會更容易找到符合你獨特優勢的道路。這些職業雖然令人著迷且非常

有意義，但並沒有像太空人在零重力的狀態下喝咖啡的影片那樣吸引那麼多的 YouTube 觀看次數。在你投身於實現童年的抱負之前，請先進行研究，並探索各種可能性。霍格是在南加州大學時，意識到自己對設計太空船比直接駕駛它們更感興趣。她繼續取得了太空工程的學士、碩士和博士學位。

霍格在南加州大學維特比工程學院（USC's Viterbi School of Engineering）攻讀博士學位時，致力於前瞻性以人工智慧為基礎的太空船設計研究，她創造了一種名為 Spider 的自動化衛星設計和優化工具。這段經歷讓她之後加入了 DARPA，霍格在這裡參與了一些專案，例如 Phoenix，這個專案旨在收集地球同步軌道上閒置衛星的組件，以及 SeeMe，這是一組一次性使用的低地球軌道衛星星系，用於向戰場上的士兵發送地球觀測影像。

離開 DARPA 後，霍格轉向消費科技領域，先後在 Google、Waymo，以及 Lyft 工作過一段時間，她在 Lyft 負責的是自動駕駛汽車。「一輛自動駕駛汽車，基本上就像是地面上的一顆衛星一樣，兩者有許多相同的感測器模式和設計原理。踏入那個世界後，我很很享受我的工作。」透過這些相異的經驗，霍格累積了成功共同創立公司所需的知識、經

驗和專業人脈。

在決定要申請哪裡的工作，以及該接受哪些職位時，有許多因素都會造成影響，但人的因素是一個很好的指南針。太空經濟仍然是一個相對小的世界，所以關係是最首要的。針對任何可能成為雇主的公司，請仔細檢視可能的同事是哪些人。請仔細觀察他們的資格背景和成就。薪資和福利很重要，但永遠不要因此輕忽了職涯的發展。只要有可能，就去最前線。現在回頭看，你會選擇在貝爾航太公司擔任管理職務，勝過選擇在 SpaceX 擔任入門的職位嗎？請思考任何特定的工作可以帶來多大的挑戰並幫助你學習。你在某份工作會有其他地方看不到的哪些體驗？這份工作將如何拓展你的人脈網？即使這份工作在各方面都不甚理想，但這個機會會帶來更好的機會嗎？

湯姆・英格索爾在麥克唐納道格拉斯公司參與快船實驗火箭專案的經歷中所學到的東西，成為他職業生涯的一大亮點。「我與傑出的人一起工作，現在我看到了我所發展出的許多管理理念，都是來自那項專案。我學到了實際運載硬體飛行的意義，以及成功的指標是什麼。而我之所以學到這些，是因為與優秀的人一起工作，了解這些優秀的人為團隊帶來

的價值，並看到每一個人都是個體，但是大家聚集在一個專案上就是為了成就非凡的事情。這對我來說是極其重要的一步。」

對英格索爾來說，這份工作本身一開始並沒有太大吸引力：「我只是想和最聰明的人一起工作，我對航太並沒有那麼期待，我也沒有那麼喜歡南加州，但這些人很顯然都是最聰明的人，我想弄清楚，跟他們相比我的程度落點在哪裡。」

當你從局外人的角度觀察時，會很難判斷某一份工作到底多有趣或多令人興奮。即使某一份工作本身在表面上聽起來並不令人期待，但是如果這是一家人才濟濟的公司，那這樣的工作機會就很值得仔細考慮，這些員工也可能知道一些你不知道的事情。

為國防承包商說句公道話

在尋找進入太空經濟的途徑時，請以整個生態系統去思考。雖然在新創公司裡面員工隨時可以飲用的康普茶可能是更新鮮的，但你也有許多充分的理由應該要考慮為某家大型且成熟的公司工作的可能性。即使是在國防承包商工作，也

可以讓你獲得寶貴的經驗學習。

「我有好幾次離開麥克唐納道格拉斯的機會，」湯姆‧英格索爾告訴我。「但我很高興自己堅持下來了，因為我獲得了擴展的經驗。我統整了幾十億美元的預算，並管理了五、六百人的團隊。這些經驗教會我擴大規模時所面臨的挑戰，並磨練出我的管理方式。擴大規模，對於想成為創業家的人來說，是尤其關鍵的技能。留下來對我來說是一個很好的選擇，並且在我的職業生涯中造成了重要的差異。」

如果你有創業家的雄心壯志，雖然在政府任職存在著官僚主義和拖延，但也是值得你考慮的工作。「你在任何職位都能成為一個創業家，而 NASA 就是一個很適合實行創業精神的地方，」行星實驗室共同創辦人羅比‧辛格勒說。「我在那裡任職的那段職涯中，我參與了許多非常有趣的專案。」辛格勒被任命為艾姆斯研究中心（Ames Research Center）主任的特別助理，並最終被任命為首席技術專家的幕僚長，他幫助孕育了 NASA 的太空技術（Space Technology）計劃。

「回想起來，是 NASA 將我訓練成一個經由創業投資資助公司的創業家，」辛格勒說。「這主要歸功於 7120.5D，也就是 NASA 總工程師辦公室的專案管理指南。專案的每一

步都會進行一次設計審查，在這些時候，會根據技術開發、管理和專案成本的進度，來對專案進行評估，而同時也要確認我們仍有達到科學上的指標。」

辛格勒繼續說：「每一次你進行審查時，都會獲得一筆新的錢，你會不斷開發你的技術、驗證科學假設、擴建團隊，同時也要確保自己實際有按照成本並在預算之內行事。當我們離開去創辦行星實驗室，且決定透過創業投資來創辦公司時，結果卻發現這和我們過去做的是同樣的事情。你能籌組團隊嗎？你能驗證你的市場假設嗎？你能開發出某項技術嗎？你有築護城河嗎？你有差異化優勢嗎？這些和我們過去做的，都是一樣的事情。NASA 教會我們創業的精神。」

攀上領導力的階梯

在這個快速成長時期，跳槽的誘因可能會讓人難以抗拒。當求才競爭激烈時，薪資的待遇可能也會變得非常激進。毫無疑問，在這種情況下，從一家公司跳槽到另一家公司，並且薪資條件更好，確實是有財務上的好處。話雖如此，請試著盡量優先考量你的長期職涯發展。在其他的地方做同樣的

工作，然後賺更多的錢，這當然很有吸引力。儘管如此，在你目前的職位上待足夠長的時間，累積具體的成果，並獲得承擔更大責任的機會，這可能更有意義。

另一方面，就算你對自己現在所處的位置感到自在，外部的條件也可能是推動你繼續前進的一個很好的理由，所以你也不能忽視這股推動轉變的力量。湯姆‧英格索爾在麥克唐納道格拉斯與波音合併後，就感受到了這股轉變的力量。「我和我的妻子有四個孩子，」英格索爾說。「我有房貸、積蓄不多，而且我在麥克唐納道格拉斯公司很快就晉升了。但我辭掉了我的工作，去為一家新創公司工作。」

英格索爾在麥克唐納道格拉斯學到了很多東西，但他知道太空經濟正處於反曲點，而該是時候離開公司了：「做好功課、做好準備，但當機會來到你面前時，也要願意承擔經過計算後的風險。」

在 Skybox Imaging，德克‧羅賓森（Dirk Robinson）在 Skybox 的革命性成像衛星星系的開發中，扮演了關鍵的角色，而這項工程壯舉有著許多的挑戰。之後在 Google，羅賓森負責領導擴展 Google 地圖平台的團隊。他將自己作為領導者的成功，部分歸功於他所受的教育，但是與其說是因為所修的

課程，不如說是因為他的課外活動。「在學校裡，我很幸運能夠在各個協會和社群中擔任領導職務，」他說。「當時我並不知道，我正在學習如何進行跨群體溝通和協調。當時我學到了如何擬定計劃、如何將人們聚集在一起，並且完成工作。」

在研究所時，羅賓森學到了另一項重要的領導技能：彈性。這是領導一個多元化團隊所需的技能。「我有機會與來自世界各地的工程師和教授密切合作，這為我提供了一扇窗，去了解人們在工作時所帶來的不同經歷、文化和價值觀。現今，我們大多數人都在與全球的人合作、銷售給全球的人，或是從全球市場購買產品。我職業生涯早期的這些經歷，教會了我如何建立夥伴關係，並在我們所工作的多元化世界中成功完成工作。」

高度需求的技能

「大多數人想到太空時，都會聯想到火箭，」賈斯特斯·基利安說。「到目前為止，這一直是一個充滿機會的領域。在過去 5 年裡，發射的量可能有 100 倍的成長。例如對推進

工程師的需求就一直很大。事實上，所有高階推進工程師都在大型生產商裡面打造引擎，這已經有將近 20 年了。」然而隨著太空經濟的進展，需求的領域也將會改變。

「在我們的生態系統中，需求最大的一項職位是軟體工程師，」基利安說。「軟體可以優化硬體，因此這些軟體工程師是關鍵的角色。他們正在建立更有效率的供應鏈，打造更強大的商業情報工具。例如 SpaceX 內部使用的許多系統，都是由 SpaceX 的軟體工程師所開發的專屬解決方案。」

基利安補充：「數據科學的職位，現在的競爭也非常激烈。數據會決定成功與否。例如，遙測投影會引導每一枚火箭，所以如果投影失敗，發射也會失敗。因此負責這些軟體的職位，就會需要具備很強的能力。」

「我所看到的機會，是在於為人提供服務的軟體和機械設備之間的介面，」湯姆‧英格索爾說。「我們無法只靠軟體進入太空，所以會需要一個介面。也沒辦法只靠軟體來打造無人駕駛汽車，你仍然會需要硬體。」沿著這些思路，湯姆看到了跨學科的機械電子學領域巨大的潛力，這是和整合式運算、機電系統、機器人和自動化都有關的一個專業領域。從物聯網設備到航空電子設備，再到如動力外骨骼的生物機

電整合領域，這一切都屬於機械電子學的範疇。所以正如你可能想像的，整個太空經濟對具有機械電子學背景的人員，需求是不斷在增加的。

其他有需求的技能領域也包括和人工智慧和機器學習相關的領域，以及幾乎所有工程學旗下的子專業領域。然而，如果你的技能是在其他領域，包括從平面設計到宣傳，那在你已經先探索了可能已在眼前的機會之前，請先拋開去取得技術性研究生學位的這件事吧。

基利安說：「如果你處於職業生涯中期，無論你的背景是通信、傳統科技、物流、圖像處理和雲端能力，以及像是技術類、商業類或是法律導向的技能背景等許多其他技能的組合，你都可以在太空經濟找到你的一席之地。」

以學習為主要的方向

除了擔任太空資本的營運合夥人和加速器 Techstars 的導師之外，亞倫·澤布（Aaron Zeeb）也是 Safire Partners 的領導者，Safire Partners 是一家位於南加州的獵人頭公司，專注服務新興的成長型公司。澤布想從事科技工作，但又不覺得自

己適合當工程師。取而代之的是,他開始為大型電信公司招募人才,這給了他重要的科技產業經驗,並讓他了解「作為網路支柱的核心基礎設施計畫」的內部運作方式。

當網路泡沫破裂導致第一波與網路相關的人才招聘陷入停滯時,澤布轉向航太產業而開始為洛克希德馬丁公司和貝爾直升機(Bell Helicopter)公司等承包商招募人力。嘗試不同職業道路和產業的其中一項好處,是可以意識到自己不屬於哪些地方。他回憶道:「我記在這些公司之中的幾家公司,其中一些公司所承包的是最高機密的專案。當我走過他們的大廳時,在沒有窗戶的建築物裡面,辦公的位置有3公尺高的隔間,讓你看不到其他人的電腦螢幕,然後高階主管的辦公室就設置在四周。這種氣氛非常尷尬,非常不吸引人,而且非常乏味。」

雖然在與傳統大型組織合作時,遇到了種種挫折,但航太產業的客戶給予澤布的招募經驗,在他後來在 SpaceX 及其他公司的職業生涯中發揮了關鍵的作用。這同時也讓他能夠了解大型老牌企業的哲學和思維的切入點,而有許多基礎技術性質的工作,仍然都掌握在這些大公司的手中。

如果可以選擇的話,請選具有更多學習潛力的角色。當

你遇到如意外的裁員等障礙時，請把握機會克服這些不愉快以成長。有如植物交互授粉般，這樣才能推動進步。沒有什麼履歷能夠比一份展現出廣闊領域的獨特經驗的履歷更優秀的了。無論你是站在任何一個單一的有利位置，你所能學到的東西，都是有限的。

Skybox 的德克・羅賓森指出，好奇心是他在職業生涯的超能力。「我的好奇心驅使我去接觸、去建立連結，並了解在我的主要領域之外的系統、業務和組織的各個面向，我經常花時間與那些不屬於例行工作範圍的人相處，例如客戶、法律團隊、財務人員和人力資源部門。我發現這樣做，可以讓自己更清楚了解所有人都身在其中運作的系統。可以說，這反過來又有助於我去發現機會並產生『先見之明』。」好奇心對職涯的重要性，無論怎麼強調都不為過。

「我天生就是一個有好奇心的人，」羅賓森說。「我喜歡學習。回想起來，這種好奇心在兩個方面對我很有幫助。第一，在做出職涯決策時我優先考量的，是要與我可以學習的對象一起工作。這代表著與彼得・哈特（Peter Hart）和大衛・斯托克（David Stork）等世界級的機器學習研究學者共

事，他們名副其實地寫了一本機器學習的書，並在全球的研究所都被當成教科書來使用；與 Skybox Imaging 的一群極為敏銳的創業型工程師團隊共事；以及與像是喬・羅森伯格、湯姆・英格索爾和卡米・哈克森（Camie Hackson）這樣的高階領導者共事，他們真正知道如何打造並運作大型且高效的工程組織。與我敬佩的這些人一起工作，除了教會我有用的技能之外，也激勵我要做到最好。」

太空資本的賈斯特斯・基利安則是追隨了他在從事金融業時的好奇心。作為美林證券（Merrill Lynch）的資深金融分析師，基利安注意到了一個趨勢，他告訴我：「這不只是由兼職金融家籌集和部署資金的標準創業投資，這是以營運商為中心的模型，它說，『嘿，我知道如何建立這個。而且我可以同理你作為創辦人，因為我也曾經當過創辦人。』以營運商為中心的基金，就是那些籌集了所有資金的基金。」

對此感到好奇的基利安在接下來 5 年的職業生涯中，親自累積了營運方面的經驗，他在南亞和東非進行投資，並幫助投資組合公司建立銷售的職能、重整資產負債表，以及制定管理培訓計劃，這些還只是舉幾個重點領域而已。基利安

甚至在烏干達北部擔任了 1 年的臨時財務長和營運經理，幫助某一項重點投資達成高成長。

　　基利安說：「這段經歷讓我對於投資者的需求，以及在市場上哪裡可以找到機會，有了新的看法。這段經歷也讓我掌握建立和營運不同類型企業，及讓這些企業創造股東價值並將資本還給投資者的過程中，所牽涉的大量戰略技巧。」

　　Arbol 的創辦人悉達多・賈告訴我：「我在應用數學和統計學拿到學士和碩士學位後，在 2005 年從哈佛畢業，我的職業生涯始於定量分析。從非常根本的角度去弄清楚市場如何運作。事實上，我職業生涯的前 5 年都花在研究利率上。利率是理解所有金融市場如何運作的一個良好基礎點。大多數市場的核心都反映出利率。了解利率可以幫助你了解公開股票市場、大宗產品、創業投資，以及許多在任何特定時間範圍內宏觀的經濟趨勢。」

　　沒有任何一位職涯顧問會叫對太空經濟有興趣的年輕人去研究利率。然而，賈對利率的好奇心，引導他邁向地理空間情報數據近期最有前景的其中一項應用：參數型保險。換句話說，如果賈沒有追隨自己的興趣，就永遠不會創立

Arbol。

「我一開始有興趣的一直都是大宗產品，」賈說。「船舶、管線就是驅動我們日常生活的基礎。食物是如何被送到我們的餐桌上？天然氣又是如何進到我們的汽車中？這就是我離開摩根大通（J.P. Morgan），加入一家新創避險基金的原因。我真的很專注在了解市場，像是石油和天然氣、玉米和大豆、銅和鉛、牛、豬，任何你能想到的，我都研究過了。如果某項商品相對流動性高，我就會在商品領域對其進行分析和交易。這些經驗讓我能夠很好地了解不同市場如何從生產、消費和物流的角度運作，以及它們如何相互作用。」

賈藉由從事定量分析，發現到商業性地球觀測衛星的潛力：「衛星越來越常出現在新的應用上，其中一項應用是使用紅外線衛星來評估作物的健康狀況。我交易了很多小麥和玉米。在全球的許多地方，官方政府的數據都是不可靠的，但要派遣人員前往現場觀測也很不切實際。你需要一種實際且有效的方法，來衡量阿根廷的小麥作物相對於烏克蘭的小麥作物的狀況。衛星就提供了一種客觀的方法可以達成這一點。所以我是從這個角度開始熟悉到它的潛力。我還為某個試圖發射第一批商業雷達衛星的團隊提供建議。這兩種經驗

都讓我學到了很多關於衛星產業的知識。當我們開始建造
Arbol 的基礎設施時，我們知道基於衛星的天氣和植物數據將
是關鍵。」

在所有這一切之中，有一個重要的經驗學習是，在應用
前瞻性的技術時永遠不能安於現狀。你要一隻眼睛盯著你的
工作，然後另一隻眼睛注意著即將發生的事情。

亞倫・澤布說，「在我的職業生涯中，每隔 5 到 6 年，
我會嘗試退後一步，看看事情的發展方向，然後重新評估。」
當矽谷明顯復甦後，澤布前往西岸，在 Google 的第一次大規
模招聘潮中加入了 Google。這就是所謂的好的時機點。然而，
澤布在正確的時機加入 Google 並不是靠運氣，而是策略。

「看看這個產業的發展方向，然後將你的職業生涯與這
些事情連結起來。」隨著網路基礎設施層的建設，澤布也開
始與電信公司合作。而當網路的應用層佔據了最前線的位置
時，澤布也在 Google 找到自己的定位。

回想起來，澤布在 SpaceX 發射第一枚火箭之前，就加入
了 SpaceX，這個決定似乎是有先見之明的。然而根據澤布的
說法，悠遊於科技領域所需要做的，是要花心思去注意並「站

在比產業的趨勢更前方的位置」。這就帶出了以下問題：澤布認為接下來的發展趨勢是什麼？

「發射是一件很吸引人的事情，但最終，火箭將會成為太空產業的 UPS 和 FedEx 快遞貨車。」澤布說，真正的行動會發生在善用軌道技術的數據方面，「也就是數據的應用層、衛星系統所搜集的情報、感測器技術，這些是我會將職涯重點放在上面的領域，如果我是完全從頭開始，那我會被這些類型的公司所吸引。」

「工程類的工作永遠都是一個有前景的職涯機會，」德克・羅賓森告訴我。「工程學是人類生產力的關鍵驅動力，也是地球上最有價值的資源。但是這並不是說，工程類的職業就是永遠穩定或是不會變化的。軟體和自動化的趨勢在對其他產業造成影響時，同樣也會影響工程類的職業，而且對基礎科學和設計、分析和測試工程原理能夠透徹了解的人才，永遠都是被需要的。在我看來，未來幾年和幾十年內，最令人期待的工程類職缺機會，將會出現在介於從基礎科學轉變到工程學這之間的過渡領域，像是生物工程、神經介面、環境工程、社會學工程和量子計算。」

人際關係的重要性

　　在任何職業都會需要建立的關係中，最重要的其中一種人脈就是要找到適合當導師的前輩。「去尋找自己的前輩，並成為他人的前輩，」德克・羅賓森這麼說。「只要你願意去尋找，一定能夠找到願意在職涯中幫助你的導師。一位導師會是一種非常珍貴的資源，可以幫助你釐清和追求目標。這些導師可以幫助你確認你想要解決的問題，並提供前進的鼓勵和動力。我認識的每一位成功的人士在他們的生活中都有著幾位導師。」

　　「你去看看幾乎所有成功的人，你會發現，都是有人介入並幫助他們，才能爬到現在的位置，」湯姆・英格索爾說。「導師們也會檢視這些後輩，並給予後輩一定程度的背書，讓他們能夠因為導師而更具可信度。」 以英格索爾的例子來說，指揮阿波羅 12 號任務的太空人皮特・康拉德，在兩人一起在麥克唐納道格拉斯公司共事時，就是扮演這種角色的導師。「皮特在我的職業生涯中給了我非常大的幫助，」英格索爾說。

　　同理，如果你發現自己能夠成為一名導師，那就去做吧。

羅賓森告訴我：「指導別人也會讓你受益匪淺，就如同你給予別人幫助一樣，指導是一項可以透過實踐來學習和提升的技能。我發現這是一種非常有意義的經驗，給我一個能夠了解成功和失敗的模式的機會，所以指導的經驗，也會影響到導師自己的生活和職業生涯。這也會對你所指導的人，產生真正的影響。」

而且到頭來，最好的工作機會都是來自於人脈。聲譽很重要，而且聲譽的重要性不僅是在你開始主事之後，而是從職業生涯的一開始，聲譽就有著舉足輕重的重要性。「你從大學畢業時，以為自己知道很多，但實際上你一無所知，」英格索爾說。「你必須付出辛苦代價才能了解所處的產業。你還需要建立一個由你尊重的人所組成的人脈網，而且他們反過來也會尊重你。因為他們也想要和一個願意傾聽、有才華、有動力、願意辛苦工作、誠實、且正直的人來建立人脈。確保你有投入時間去學習你的技能，並成為人們願意一起共事的人。」這個道理適用在任何產業，但是對於新興的、高風險、高成長的太空經濟，尤其更是如此。

英格索爾說：「你僱用員工是因為他們的能力，而你解僱員工則是因為認識了他們是什麼樣的人。你是那種真正聰

明的人會想要一起共事的人嗎？你善良嗎？你尊重他人嗎？
你有正面的能量嗎？你是願意貢獻的人嗎？這些特質，在學
校裡面不一定會教，但它們對於你在任何類型的工作環境中
取得成功的能力，都有很巨大的影響。」

　　在太空經濟中打造你的職業生涯只是一個開始。當你往
高處爬時，你的挑戰就會變成是需要尋找、僱用和留住其他
的人才，來幫助公司實現願景。

　　正如我們討論過的，在太空經濟領域也在進行著人才的
搶奪。在下一章，我將分享來自不同產業領導者的策略和方
法，而組織可以善用這些策略與方法來贏得這場人才的戰爭。
如果周圍的團隊不是正確的團隊人選，你也就無法發揮自己
的潛能了。

9
贏得太空人才戰爭的指南

招募與留住「真材實料的人」

　　在太空經濟中，人才的戰爭是越演越烈。在 10 年前，像 SpaceX 這樣的公司必須從 Google 和 Meta 挖角軟體工程師、從 NASA 和大型國防承包商挖角航空電子工程師。如今，人才的戰爭卻是更直接與更競爭，在太空經濟領域的前瞻新創公司爭相搶奪所需的世界級員工，以推動其遠大的願景快速發展。

　　「吸引人才並不像早期那麼容易，」行星實驗室執行長羅比‧辛格勒告訴我。「人才的競爭更加激烈了。大家也對自動駕駛汽車、機器人公司、綠色科技等領域越來越感興趣。此外，在太空領域有許多公司都籌集了一大筆資金。這使得薪資膨脹了很多。同時，人們的偏好也在轉變，大家不再想要住在大城市裡面了。但是當打造硬體時，你仍然會需要團隊成員待在實驗室裡。」

　　對於公司來說，填補職缺並留住員工到底變得有多困難呢？其中一項指標是收購的數量不斷增加，但這些收購本身卻不具有收購的意義。許多的這些收購都是「人才收購（acqui-hire）」，這是在科技領域常見的作法。在這類的收購之中，公司的收入來源、智慧財產權和客戶群並不能完全代表出售公司的價格。反之，收購的真正目的是與組織的其

他資產捆綁在一起的那些已籌組好的專家團隊。人才收購通常也代表著有前景的技術和商業模式被屏棄了，因為收購方（通常是某家老牌企業）會使用這些新的員工，來填補自身現有商業模式中那些緊迫的缺口。

代表太空經濟的人才需求的另一項指標是挖角的數量。招募人員都以強勢的態度在應對人才戰爭，因為人才流失率上升是太空經濟面臨的一個迫切問題，複雜且長期的專案會被反覆交辦給不同的人，而這絕不是讓這些專案能夠成功的好方法。

但是從好的方面來看，需求也刺激了供應。有越來越多的學生，都正在學習從包括機械電子學到機器學習的太空經濟核心技能。每年 6 月，都會有更多擁有「真材實料」的畢業生進入勞動力市場，誰又會先下手搶走他們呢？

組成創始團隊

我們首先在第 5 章討論了尋找對的共同創辦人這件事的挑戰，而創始團隊則在組織未來的發展方向中，扮演著特別龐大的角色。正如湯姆・惠恩在第 7 章談到創業家時所說的，

「無論他們的背景如何，這些背景都會以某一種方式影響並滲透到組織中。」這可能是好事，也可能是壞事，這取決於成員的相關背景是什麼。

在組建創始團隊時，你的選擇會受限於經濟學的因素：「世界上就只有這麼多的人接受過訓練，並且有能力可以創辦公司，」Rendered.ai 執行長奈森‧昆茲告訴我。「其中，只有更少數的人能夠在一段無法知道長短的時間內，且在沒有大量收入的情況下仍能努力工作，只為了獲得不確定的回報。這又讓這個範圍更小了。」但儘管如此，在組成早期的團隊時，仍會需要以非常認真的態度去挑選成員。

「引進擁有令人印象深刻履歷的人，會發出一個信號，去強化你想要某一種人才的印象。」然而，對於創始團隊來說，合適的因素也不僅僅是學術背景而已，昆茲說，「你真正想要的，是願意做這項工作的人。那些會願意坐在電腦前面然後編碼的人。那些會拿起電話，四處打電話、安排會議並達成進度的人。成功創辦一家公司，完全就是取決於這些動能，這不僅僅是找到某個在特定領域最優秀的人，因為那個人可能不想投入於工作之中。他們也可能還有其他事情要忙。你需要有能力的人，但他們同時也要能夠推動事情的發

展。當朝著這個正確的方向前進後，你就可以隨時根據需要再引進專業的人才。」

在太空經濟領域，創辦人仍然多是來自技術背景，且通常宣稱擁有至少一項相關的博士學位。昆茲表示，這是有原因的。「在其他領域，更常見的是剛從哈佛商學院畢業然後獲得 MBA 學位，就準備要創辦公司的人，但是這在太空經濟中是有難度的。擁有技術背景對於早期的銷售是非常重要的，因為你需要能夠說客戶的語言。在這裡，客戶幾乎一定具備深度的技術背景。對於不懂這些技術語言的人來說，很難在參與這類的對話時展現出可信度。」

在創始團隊中，並非每一個人都需要航太工程的博士學位，但至少應該要有一名創始團隊的成員能夠說客戶的語言，無論他們是什麼職位都可以。「否則，大家就會直接忽視你們。」昆茲補充道。

這一切並不代表著，你在太空經濟領域創立公司時需要具備像是奈森・昆茲那樣強大的學術背景。我們所投資的創業家都來自許多不同的領域。更重要的是，仔細思考你自己帶來了哪些技能和經驗，並尋找能夠補足這些優勢的共同創辦人。

從創始團隊到第一批員工

一旦你的新創公司開始動起來後，就該引進第一批員工了，根據昆茲，這些員工將「建立組織的基礎設施、最佳實踐和文化」。這些早期所聘僱的員工，將對公司的發展軌跡造成長遠的影響，因此請以策略性的眼光來招聘員工。

「如果新的技術是你的重點，」他說，「那你的第一位員工可能是一位具備該領域深厚專業知識的傑出產品主管。如果你提供的更偏向是商業模式的創新，那麼你的第一位員工可能是擁有絕佳的人脈網絡可以幫助擴大客戶名單的業務開發主管。」

組織性的經驗，會在此階段發揮關鍵的作用。早期員工所做的決策，將會決定你正在打造的公司的結構、文化、理念和做事方法的走向。請根據過往的職涯表現來選擇，即使這可能代表著創始團隊成員之間會有一些技能方面的重複。

「即使你的創始團隊中已經有某一位才華橫溢的人具備關鍵的技術專業知識，」昆茲說，「你可能還是希望找一位經驗豐富的資深工程副總，這位副總所具備的經驗讓他可以提出『這就是工程團隊該有的架構』這類的建議。」

「我從第一天起就非常注意招聘這件事，因為招聘的探索工作非常複雜，」Arbol 創辦人悉達多‧賈表示。「Arbol 一方面和數據以及技術有關，但是另一方面又涉及到監管、法律、保險和財務問題。因此，它需要許多不同類型的專業知識，而沒有任何一個人能夠具備所有的這一切專業。我的工作就是確保這兩個世界能夠有很好的銜接，並確保公司能夠整合傳統與創新。Arbol 並不是一家純以科技為主的公司，它納入了技術層面，但也需要能夠融入監管、保險、衍生商品和證券的世界。我們需要了解所有的規則，並一致地行動。Arbol 之所以成功，就是因為所有這些不同類型的專業知識，都能夠在同一個團隊內發揮作用。」

「我們就像是雷射光一樣，把焦點射向招聘、招募、招聘，」Violet Labs 的共同創辦人露西‧霍格告訴我。「針對我們產品的需求正在成長。我們希望盡快將產品推向市場，以便我們的客戶現在就能有更好的體驗。」

現在，Violet Labs 已經籌集了第一輪資金，創辦人也在快速籌組團隊，他們從軟體工程開始招聘，期望快速推動產品的進展，然後接下來是產品管理、品質保證和業務開發等基本工作要素的人力招聘。Violet Labs 的共同創辦人知道，這

些早期員工的心態將會建立組織的文化。「我們希望聘用的人對我們正在做的事情同樣能夠充滿熱情。我們也自詡是一個非常有趣的團隊,所以也希望聘用的人不只是期許加入一個具有前瞻性思維的團隊,還想要加入一個同時也很有趣的團隊。」

Violet Labs 與當今各行各業的許多新創公司一樣,都是以遠距工作為優先。「這對我們來說是一個重要的決定,而這當然是受到了我們在新冠肺炎期間的經驗影響,當時在打造太空船時,我們的人都分散在全國各地。」霍格說。

疫情期間的遠距工作經驗,向霍格和她的共同創辦人凱特琳・科特斯證明了,這種方法不僅可行,而且實際上可以達到卓越的成果:「我們每個人都看到了遠距工作如何減少干擾——也就是每個人都親自待在現場時所需的那些物流後勤與管理運作。」

「在 Lyft,」霍格說,「當新冠疫情來襲時,人們可以隨自己意願以遠距的方式工作。我看到這如何影響工作品質,以及他們的整體幸福感和安適感,所以也希望在我們的公司內提倡這一點。」然而,從頭開始建立一家以遠距工作為優先的公司,確實有著獨特的挑戰。

　　與 Lyft 不同，Violet Labs 主要透過網路來建立公司的文化。「我們想要打造一種具有同事情誼和信任的強大團隊文化。我們仰賴 Slack 和 Notion 等工具進行團隊溝通。我們還定期舉辦成員可以親身參與的靜修活動，以解決成員現實生活中的問題。」

　　在 Violet Labs 進行招募時，一個有趣的面向，是橫在兩個截然不同的產業之間的鴻溝：「文氏圖顯示出，曾經打造出太空船、自動駕駛汽車和無人機等物體的人，和打造出傑出的網路應用程式的人，本質上是兩個獨立的圓圈。這兩個圓圈幾乎沒有重疊。」然而，霍格和科特斯發現，Violet Labs 的使命，就是他們最有效的招募利器。「軟體開發人員對於能夠在這個產業工作，都感到非常興奮，」她說，「也就是打造一些能夠影響諸如火箭的發展的東西。這是一個機會，去徹底顛覆這個產業某一塊停滯不前的領域，而人們認為這點是很重要的關鍵。」

　　正如我們所看到的，在太空經濟領域招聘頂尖的人才，其中的一項關鍵優勢就是共同的使命感。「人們想在太空經濟中工作，就是為了要在太空經濟中工作，」奈森·昆茲說。「如果是要製造飛彈，我們就必須從非常不同的人才來源去

尋找人才。我們正在做的工作的重要性，絕對有助於我們的招聘。重要的是，我們正處於這個看起來將隨著資本形成而爆炸的事物的最前線。善用這點去招聘人才，顯然是一個好主意。」

該去哪裡找人才

最頂尖的組織都有投資實習的計劃。由於業內許多最令人期待的公司在做的工作，對外部人士來說仍然是不透明的，因此最快速的方法，就是讓大學生進入實驗室、辦公室或機棚，藉此宣傳公司所打造的產品中最激勵人心的那些重點。

與金融和科技巨頭等競爭激烈的領域不同，太空經濟提供了一項超脫利潤且有意義的使命。千禧世代、Z 世代和年輕的世代，會比老一輩的員工更重視目標和公司的使命。一個有可能解決氣候、永續發展、網路連線存取和可靠的食品供應等，這些全球問題的偉大目標是很有分量的。而年輕人想做的，也不僅僅是讓產品遊戲化以增加客戶的黏著度與持續使用時間，並吸引客戶的目光。但是要說服他們加入你的組織，你會需要為公司整理且表達出一套條理清晰的願景。

你必須要能夠真實傳達你的價值觀和長期的意向。僅僅強調新發明的驚奇之處還不夠，要贏得人才的戰爭，就要能夠說服大家去相信你的使命為何有其重要性。

「你不能只是在公司名稱中加上『太空』，然後就指望這個公司名稱會招來人才，」太空資本合夥人賈斯特斯・基利安對我說。「這感覺就像每家在太空領域的公司都叫做為『太空某某公司』一樣，只有這樣是不夠的。你必須針對自己想要實現的目標以及如何實現這個目標，整理出一套非常清楚的願景。」

正確的願景是最重要的事情，基利安說。「我們面臨的這些最龐大、最複雜和最具挑戰性的問題，都是在全球層面的問題，氣候變遷、全球網路存取和數位落差，以及農業和糧食生產，都是很好的例子。最優秀的員工會希望去著手解決最棘手的這些問題，也就是在技術上具有挑戰性，且同時也具有意義的問題。另外一個社群媒體的應用程式，就比不上面對氣候變遷問題的嚴重性，而這正是太空領域的公司能夠脫穎而出的地方。因為這些公司有著全球性的使命，也正在努力解決龐大且重大的問題。人們可以看到，在這些公司工作時，自己的日常工作可以帶來真正的影響。航太公司與

Google 和 Meta 的競爭，就是基於重大的技術突破，以及所做的工作是真正有影響力的工作。」

基利安說，向可能成為員工的潛在族群傳達這一點，也是一門藝術。「這一切都始於你如何溝通說明，你的品牌和哪些面向有關，以及為什麼人們應該加入並和你一起進行這趟瘋狂的旅程，而 SpaceX 在這方面就做得非常出色。SpaceX 公開宣稱的目標，是讓人類成為多行星生活的物種，而這始於將人類送上火星。最終，他們所做的一切都是為了實現這項使命。」

年輕員工可以帶來活力、熱情和最新的技術技能。而針對其他的人力優勢，諸如實際的經驗，則可以尋找產業的資深人士。航空電子學、火箭技術和舊程式語言等領域的寶貴知識，都是集中在老員工身上。

好的一面是，這裡有在相關技術領域數十年經驗的人，且由於科技領域普遍存在的年齡歧視，這群人仍然是相對未被開發的人力資源。其中那些仍留在職場的人，往往都渴望拋開官僚的國防承包商工作或類似的工作，轉而抓住去令人興奮的新創公司工作的機會。其他人則是被迫提早退休，在這個產業復甦之前，就先被推出去了。所以在招募具備關鍵

技能的人時，請將那些履歷中存在空白期，但具備你最需要的技能的人，也都納入考量。

招募最優秀的人才

「我們正在招募一些有博士學位的的人，」Regrow 創辦人安娜‧佛寇瓦告訴我。「在招募這些人力時，我會深入研究他們為什麼想要取得博士學位。某些人的情況是，他們想來澳洲然後只是想找到一種達成這件事的方法。另一方面，當澳洲的本地人攻讀博士學位時，你會知道他們和其他人的動機不同。在僱用他們之前，我會想知道一位候選人是否具有學術思維、產業思維，或是商業思維。」

這是一個熱情會發揮重要作用的領域，了解這些潛在員工的動機很重要。佛寇瓦說：「我的其中一個獨家秘訣，就是應徵者背後的目的，你做這些事情是因為想推動人類的知識發展嗎？或者，你做這些事情是因為想解決某個問題？你想發揮影響力嗎？你的背後是什麼樣的目的在驅動著你？」

「就我個人而言，」佛寇瓦說，「我總是被那些真正推動和撼動市場，也就是那些能夠造成衝擊的因素所驅動。

不只是在學術方面，也不是透過弄清楚某項可被掌握的創新優勢。對我來說，某項創新是否可以被使用，是很重要的。我是從這個角度在看創新。這項創新會有終端用戶嗎？我做的事情，是為了有某一個人可以在今天或明天使用這項產品嗎？人們都說千禧世代沈迷於影響力，人們都說他們希望看到自己成為更偉大的事情的一份子。我認為，更多的博士也都應該打開心胸去接納這個觀點。」

我們在上一章認識了 Safire Partners 的亞倫・澤布，他在人才招募方面累積了 20 多年的經驗，澤布曾在包括 Google、SpaceX 等公司工作過。在他任職 Google 的期間，員工人數從 8 千名成長到 1 萬 6 千名。而他在 SpaceX 工作了 6 年，幫助公司從 300 名員工發展到 4 千多名員工的規模。如果你想了解如何在快速發展時期，在競爭激烈的環境中招募到頂尖的人才，請聽聽澤布的建議。

當科技業在歷經了網路泡沫破滅後，開始復甦時，澤布離開了國防承包商枯燥乏味的世界，轉而為 Google 工作。在那時，Google 已於 2 年前上市，且在 1 年後會在《財富》雜誌「一百家最佳雇主企業（100 Best Companies to Work For）」清單中名列第一。

　　「那個時候，Google 重新定義了科技公司的員工福利，」
澤布說，「這一切都是為了吸引最優秀的工程師。」然而，
這些福利只是 Google 的吸引力的一部分而已。「Google 確實
以 Google 文化的影響力來定義自己，而且這是一個很棒的工
作環境，即使從內部的角度來看，也覺得工作環境很令人驚
嘆。Google 的計劃，都很有影響力，而且品牌的品牌力也很
強大。當時，我們每 1.2 秒就會收到一份履歷，非常瘋狂。」

　　就像 Google 創辦人賴瑞・佩吉和謝爾蓋・布林一樣，澤
布也認為世界一流的人才就是擴大公司規模的秘方。而澤布
認為，要招募世界級的人才，秘訣就在於具有一個鼓舞人心
的願景，這個願景要能夠與有動力且有抱負的個人產生共鳴。
最優秀的員工會因為某一項挑戰而產生感召，而且喜歡與其
他同樣因此受到激勵的優秀同事一起工作。

　　「你在福利和基礎設施方面需要有競爭力，」澤布說，
「但這更多是關於如何創造一個讓人們能夠成功的環境。要
吸引最優秀的人才，就需要創造出一個能夠激勵人心的使命。
你不會想要聘那些只是為了免費食物來的人。你會希望員工
是受到激勵去達成某些極其困難和重要的任務，並且他們也
了解，在過程中可能會碰到哪一些阻礙。思想和觀點的多樣

性很重要，但到頭來，人們會希望，與有同樣的使命感以及同樣對這項挑戰感到期待的其他人一起共事。」

對於想要躋身巔峰的創辦人來說，要能夠持續做到這一點，會需要一套結構化的招募流程。當公司的發展步調加快，適合小團隊的非正式評估流程就會出問題。根據澤布所說，Google 就是透過打造一套「招募機制」，而在規模擴大的同時，仍能維持 Google 的標準與針對此機制去「徹底進行優化」。

「在我加入的前 6 個月，Google 對每位候選人進行了 14 次的面試，」他說。「在收集和分析所有的面試數據，並將這些數據與工作績效比對之後，Google 意識到，只要使用結構化的模式並評估對的指標項目，就可以提供足夠的數據，讓他們只需要 4 次面試就可以在資訊充足的情況下做決策。你永遠不可能獲得 100% 的資訊，但進行 4 次面試可以給你掌握 90% 資訊的信心，而進行 14 次面試則可能只會讓你達到掌握 92% 資訊的信心。」

澤布在 Google 學到，在開發招募的工作流程時，進行試驗和優化的重要性。Google 嚴格的招募作法並不適用於每一個組織，但澤布認為，每一套招募流程，也都應該根據結果

去進行調整。不要複製 Google 或任何其他公司的作法，而是使用你自己的數據資料來讓召募流程變得完善，直到這套流程能夠良好滿足你的需求。

「每一個環境都是獨一無二的，」澤布說，「因此每一個環境的招募流程，也應該是只適用於這個環境而獨一無二的。關鍵的要素是，讓此流程在公司規模擴大的狀態下，仍可被衡量和可被重複使用，並且反映出你想要打造的文化和想要吸引的人才。」

後來在 SpaceX，伊隆·馬斯克告訴澤布 ：「流程可能會取代了思考。」新創公司的發展速度可能需要某一套高度嚴格管制和結構化的招募方法。但是，在招募時仍要保持彈性和開放的態度，在招募擔任重要角色的人力時尤為如此。也正是因為 Google 嚴格的招募流程顯得單調乏味，才讓澤布接受了其他的工作機會。當 SpaceX 與澤布接洽，邀請他替 SpaceX 招聘人員的當時，SpaceX 甚至還未發射第一枚火箭，但澤布了解 SpaceX 的營運方式後，很快就被這家公司吸引了。

「以小型團隊的組成、鬥志超級旺盛、以超級快的速度進行迭代，」他回憶道。「工廠就在工程辦公室的旁邊。所有的事情都完全整合在一起。我對航太公司的看法，就是洛

克希德馬丁公司、貝爾直升機公司的那種 25 公尺的小隔間，緩慢的工作節奏，單調的辦公室，然後沒有窗戶。即使我在職業生涯早期只在這個領域獲得稀少的經驗，我也能立即看出為什麼 SpaceX 與其他公司不同。」

最初，馬斯克在洛杉磯創立 SpaceX，因為航太產業的人才都聚集在那裡。現在，馬斯克則是希望澤布從更遙遠的地方招募人才。馬斯克想為公司注入新的想法和思考模式，而這也代表從傳統的航太產業之外的領域招募人才。「我們已經擁有足以創造變革的航太人才，」馬斯克告訴澤布。「我的目標不是成為下一個大型航太承包商。我們需要多元化。我們需要讓更多目前沒有在考慮航太產業的人，都開始考慮航太這個產業。」

當時，最優秀的科技人才都來自 Google 和 Amazon 等公司，馬斯克也希望澤布去招募到這些人。「我們的目標，就是從 Google 和這類公司找人加入 SpaceX，讓這些人將太空視為一種職業。」

澤布在 Google 和 SpaceX 的經驗，提供了有力的對比與學習。這兩家公司都成功招募到最優秀且最聰明的人才，但是採用的是不同的方式。「Google 有令人驚嘆的人才吸引流

程，」澤布說。「Google 有這些招募的委員會。在任何人被聘雇之前，會先由一些雇用人的單位和一些最傑出的工程師組成委員會，大家會坐下來一起審查申請人。這樣的委員會非常注重學術背景。」

相比之下，「馬斯克就不太關心學術血統。他的主要衡量標準是『卓越能力的實證』，而這可能以各種形式為代表。它可以是你在哪裡就學以及在學校的表現，但這只是其中的一小塊。它更有可能是你在哪裡獲得實務經驗、如何應用這些經驗，以及這些經驗是否是自發性的。」

澤布在經歷這兩家大公司的快速成長時期後，決定專注於幫助早期新創立的公司建立「人才的基礎」。Zeeb 與在 Safire 的合夥人陶德‧吉特林（Todd Gitlin）一起幫助由創投所支持的新創公司進行高階主管人力的招募。「在這些階段進行招募是有些挑戰性的，」他告訴我。「很多時候，你碰到的都是首次創辦公司的人。你做的事情就是要教育他們。我們花了很多時間幫助他們思考如何聘請合適的創始團隊成員。公司前十名招聘的工程師就將奠定這些公司的基礎。」

雖然優秀的組織取得成功的方式各不相同，但吸引世界上最優秀人才的組織，總是有著一些共同的要素：「所有有

才華的人都不僅是希望面對挑戰，而且還需要面對挑戰，」澤布說。「他們就是不擅長在原地踏步，需要有人真正去推動他們。」而這樣的節奏，會是由高層所制定。

澤布補充，「我認為在這個星球上，很少有企業家會像馬斯克那樣大力地去推動你前進，但是這種方式並不適用於所有人。」

正確的文化可以留住適合的員工

賈斯特斯・基利安告訴我：「SpaceX 之所以能夠盡可能長時間讓員工不離職，有幾個原因。第一，SpaceX 讓員工可以選擇，所以員工也可以對公司進行投資。第二，SpaceX 提供流動性，所以員工可以看到留下來的價值。有許多公司都未能傳達其股權的價值，以及，如同在現在所看到的宏觀條件下，公司的估值正在發生變化，當公司以持平或貶值的方式籌集資金時，員工的股票選擇權的資產價值，就會低於其實際價值而變得沒有價值。而如果公司未能考量到這一點，就會失去這些優秀的人才。」

財務上的激勵是很重要的。無論每一個人是否適合，更

不用談他們是否是最適合這份工作的人選，公司只要單靠金錢就可能留住每一個人了。但是正確的文化比任何的薪資方案都更能有效塑造出組織的文化。

「在 SpaceX 發展的早期，我們有很多來自傳統航太公司的員工，」亞倫・澤布告訴我，「他們習慣每隔週的週五休假一次，每週工作不超過 80 個或甚至 60 個小時。那時，我們認為這些期望最終會平靜下來，『再等一下，再等 18 個月，』我們會說，『一旦將獵鷹 1 號送上軌道。一旦將獵鷹 9 號送上軌道。一旦打造好天龍號太空船……。一旦我們達到下一個里程碑，一切都會恢復正常狀態的』。」這樣持續不斷苦於應對員工挫折感的狀況，只是讓不可避免的事情延遲發生而已。

「現實是，我們想做一些非常困難，但同時也非常有價值的事情，」澤布說。「所以伊隆的訊息變成了：SpaceX 是特種部隊。我們所做的是別人認為不可能做到的工作。我們以小團隊的形式運作。我們會賦予你很多責任。我們會迭代並且快速行動。我們將不斷挑戰你們，但我們做的這些事情會帶來巨大的影響力。」

這樣對價值觀進行澄清的作法是有效的：「當我們改變

了傳遞給員工的訊息的內容，公司的文化就發生了轉變，」澤布說，「那些習慣以舊的方式做事的人，就自己選擇離開了。其餘的人則是百分之百致力於這項使命。那些長期在 SpaceX、特斯拉和其他地方為伊隆工作的人們，都獲得了回報，無論是在經濟上的回報，還是在職業生涯上，以及他們所獲得的成就上的收穫。」

　　明確定義的文化，比任何頂級的員工福利都更能有效篩選適合的人才。如果公司清楚且始終如一地傳達公司的未來願景，以及預計採取哪一條道路來達成願景，那麼不適合的員工就會逐漸且主動地離開組織。留下來將是那些渴望面對這條道路上的挑戰的人，這些人不是儘管這條路有多陡峭仍願意留下來，而是正因為這條路有多陡峭，他們才願意留下來。

　　在上一章我們介紹了 Google 工程主管兼太空資本營運合夥人德克・羅賓森 。在加入 Google 之前，羅賓森曾在 Skybox Imaging 從事革命性成像衛星星系的工作。

　　「當我加入 Skybox Imaging 時，這家公司還處於早期發展的階段，」羅賓森告訴我。「這個角色讓我有機會拓展到太空系統工程、硬體設計與製造，以及大規模計算的領域。」

這些對於任何工程師來說都是很有價值的技能，但學習如何「建立和領導工程團隊，並發展公司的文化」對羅賓森來說，實際上卻比他所習得的任何一項技術技能都更有價值。

技術總是在變化，但人們總是以本質上相似的方式一起共事，或者是無法一起共事。對於一家希望在太空經濟中蓬勃發展的公司來說，在人的方面做對事情會是關鍵。與其他科技領域不同，在太空領域的內訌和效率低下的後果，不僅僅是網站當機或零售客戶滿意度不佳而已。

羅賓森說：「太空很難，有一百萬件事情都可能會出錯。這項工作的範圍涵括了十幾項的工程學科。這項工作牽涉到的資本花費和前置時間，也代表著失敗的代價極其昂貴。」在 Skybox，任何科技新創公司所面臨的現實，又更加劇了這些困難。「處理這些挑戰，同時在預算有限的情況下建立一家公司，又多加了一層複雜度。」

羅賓森在 Skybox 學到的，不僅僅是如何推動每個人達成某個特定的里程碑，而是如何打造一個系統，讓一群人能夠穩步實現一個又一個的里程碑。

「看到我們的第一顆衛星送出的『第一束光』的影像，給了我某種很棒的成就感，」他說，「但接著第一次發射後，

是我們的第二顆衛星、發射我們的第一個星系，以及打造
Skybox 操作用的任務系統，這些事情讓我意識到，我更大的
成就是：打造一支出色的團隊，這個團隊能夠定義並實現有
願景的目標。」

　　羅賓森在 Skybox 的經歷為他在 Google 擔任領導職做好
了充分的準備：「我和一些工程領域的領導者著手打造了一
個高性能且包容性的工程組織，以啟動和擴大 Google 地圖平
台的規模，」他告訴我。「我們是一個多元化的工程組織，
由能力出眾的工程團隊所組成，我們的營運範圍遍及各大洲。
如今，我們每個月為 10 億個用戶提供地圖和成像服務。作為
一支團隊，我們互相推動彼此去完成良好的工作成果，同時
也會互相幫忙。這種彼此支持的文化，對於我們在疫情期間
仍能保持生產力，發揮了關鍵的作用。」

　　在歷史性緊繃的人才市場中，Muon Space 仍能持續成功
地吸引到頂尖人才。Muon Space 吸引最優秀且最聰明的人才
的秘訣是什麼？

　　「部分是運氣，」執行長強尼‧戴爾告訴我，「但 Muon
的使命對人們來說是非常有吸引力的。其中一個最強大的吸
引力，是渴望在氣候領域從事有影響力的工作。這是一個很

龐大的議題。」

使命很重要，但對某項腦力挑戰的共同讚賞也很重要，戴爾在 Skybox Imaging 工作時就觀察到這一點：「這不在於誰對、誰錯。每個參與其中的人都在想出最好的解決方案。這種文化會以人們可以感覺到的方式，累積在自身之上。這是一種使人充滿活力的文化。」

在 Skybox 看到文化的有機發展，讓戴爾看到了可能性。「我一直在努力找尋營造這類環境的方法，」戴爾說。「在招募時，我們的目的是籌組一支由我們喜歡與他們共事的人所組成的團隊。當你找到真正聰明的人，且他們都因為正確的原因而投入這項使命時，這就會產生動能。聰明且有動力的人，會希望與其他聰明且有動力的人一起工作，這又會以指數成長的方式累積在這個文化上。」

戴爾提到：「即使只是在人們來接受面試時，他們也會提到這股活力與共同的使命感，以及對於我們正在做的事情所抱持的共同信念。」對於吸引到 Muon 及其競爭對手迫切需要且廣受歡迎的工程、軟體和科學人才，進而充分發揮公司的潛力來說，打造出一個非常明顯異於其他公司的環境是關鍵。

在太空經濟中，作為一位領導者，你也無法將所有的注意力都聚焦在當今的眾多挑戰上。事情發展得太快了，執行長最重要的其中一個角色，就是清楚定義未來的願景，而太空經濟的未來正在迅速成為太空經濟的現況。

當今太空經濟的真正行動，幾乎完全都在衛星產業的三個技術堆疊，以及這些技術堆疊在全球經濟所推動的成果之中。相對於這三項堆疊而言，發射本身僅代表了一小部分的市場。儘管全球定位系統、地理空間情報和衛星通訊完全佔據了市場的主導地位，但四個新興的產業也正在遠處蓄勢待發。今天還不是它們出頭的日子，但完全忽視它們，只會為你帶來風險。

同樣地，從包括氣候變遷到太空軍事化，我們在太空領域還有更大的威脅和機會，值得太空經濟領域的每一位專業人士去深思。在下一章中，我們將告別不實的炒作，對太空經濟的未來提出清楚、基於事實且理性平衡的觀點。太空經濟會從現在往什麼樣的未來發展？

10
太空經濟的未來

當使用軌道變得廉價、簡單、安全時，
會發生哪些事情？

　　預測永遠不會是完美的。話雖如此，我想用本書的最後一章來提供太空資本對未來發展的看法。沒有人握有可預言未來的水晶球，然而，作為以投資主題驅動的投資者，我們最重要的作用，就是結合專業知識和想像力，來找出可能的發展走向。無論你的專業工作或投資，是否直接牽涉到太空經濟，可以肯定的是，我們都將越來越依賴太空的這些科技。

　　我要在此解釋清楚，現今太空經濟中幾乎所有重要的成果，都發生在衛星和發射領域中。但是展望未來時，我們可以觀察到，有四個產業興起的跡象，且這之中的每一個產業都提供了不同程度的長期潛力。但是現在還不是投入的時候，你只需要留意這幾個新興產業即可。而其中一個或多個領域的發展，很可能很快就會變得令人期待。

　　在更深入地探討四大新興產業，以及太空技術所帶來的威脅與可能解決的威脅之前，很重要的是，我們需先了解所有下一代計畫的關鍵：星艦。

下一個（真正的）大事件：星艦

　　過去幾年，許多由創業投資所支持的太空公司，都提出

　　了很棒的解決方案——這是以星艦出現前的世界而論。雖然這些公司都大肆宣傳，但一旦這組新的 SpaceX 運載火箭投入運行，在這些公司之中的許多公司就會過時。多年來，太空資本只將注意力集中在那些將善用星艦所提供服務的公司上，而不是那些會因為星艦而淘汰的公司。

　　那麼，為什麼星艦能夠在很大程度上顛覆這一切呢？

　　在發射技術發展的前 40 年，發射受到了成本（每公斤的價格）、向上空運載的質量（運載到軌道的酬載質量）和酬載的體積（一份酬載可用的物理空間）的限制。這些限制因素使除了主要政府和國防承包商之外的所有人，都無法接觸到軌道領域，且即使是這些單位，他們可以運載的內容也受到非常大的限制。

　　當像阿利安 5 號火箭系列這樣新型且更強大的火箭在 1990 年代出現時，商業化的可行性就進一步提升了，這也支持了當今一些重要的傳統航太公司發展。接著，SpaceX 的獵鷹 9 號在 2009 年開始提供商業服務，並於 2015 年成為可重複使用的先驅，而降低了軌道墜毀的成本，引發了一波創新浪潮，甚至使科技領域的新創公司擺脫了地球的重力的束縛。

　　獵鷹 9 號刺激了產業的競爭。其他發射供應商也進入這

個市場，增加供應並讓客戶的選擇多樣化。在此期間，許多扮演開創先鋒角色的公司，開始利用低成本進入軌道的優勢，發射了數量和能力都前所未見的衛星星系。這使得跨全球定位系統、地理空間情報、衛星通訊這三項衛星技術堆疊的新一代功能得以被開發。

而太空經濟的第二階段，將隨著星艦的到來正式開始，星艦是一種革命性的發射載具，它有望撼動太空的所有既定條件——亦即，要到達太空是昂貴、困難和危險的，且你所發射出的所有東西都必須經過多年的特別製造、工程設計和測試，並且每一盎司都舉足輕重。

如果成功，星艦將成為「全球第一個可完全重複使用的運輸系統，設計成可以將組員和貨物雙雙運送到地球軌道、月球、火星及更遠的地方」。星艦採用不鏽鋼結構，打造的成本是平價的，而發射成本也是平價的。所謂的平價，並不是指以美國為首的第一世界民族國家可負擔價格的規模，而是中型企業甚至新創企業都可以負擔價格的規模。

星艦是迄今為止，人類所打造出的最長高度且最強大的發射載具。從 SpaceX 在德州的發射場 Starbase、佛州的甘迺迪太空中心（Kennedy Space Center），或從兩個計劃中的離

岸平台之一進行發射，其超重型推進器將帶著一艘星艦太空船飛往低地球軌道，上面會載運貨物、人員、一台月球登陸器，或是一個燃料箱。然後，星艦在第二級時可以透過軌道上的運油車補充液態甲烷燃料，前往更高的軌道或更遠的領域。星艦擁有令人難以置信的 100 噸載重的能力，要列出它可以實現的新的應用，超出了我們的想像空間。無論執行何種任務，星艦最終都會以垂直著陸，此時兩級的準備都可以快速完成，而為另一次旅行做好準備。

當審視影響全球市場的科技創新時，你會發現，在任何一個世代中，都只有少數的科技創新會帶來顛覆典範的變化，例如貨櫃重塑了全球貿易，或者電晶體開啟了摩爾定律並催生出資訊時代（Information Age）。我們相信星艦也是這類能夠顛覆全世界的創新。在新的科技出現時，人們總是很容易低估更低的成本和更高的易用性能夠做到哪些事情。

雖然 SpaceX 的獵鷹 9 號向大量的小型客戶開放了軌道，但 145 立方公尺的貨運能力與星艦相比只顯得微不足道。星艦能夠運載 1,100 立方公尺內的 100 噸貨物，而其成本基本上僅包含燃料成本，這讓星艦將會徹底改變在太空中的運作方式。

　　請想想詹姆士·韋伯太空望遠鏡。製造這組令人驚嘆的儀器所涉及的大部分成本和複雜性，都來自於設計和打造出一面可以折疊起來發射，並在進入軌道後展開的鏡子。只要利用星艦，就可以打造並發射同一面鏡子，但是卻無需折疊。整個過程會更便宜、更快速且更容易，而且成果也會更出色。

　　因為星艦，你將不再因為成本考量而需要挑戰效能、重量或可靠度的極限。當能夠定期將大型和重型物體發射到軌道及更遠的地方時，你就不再需要費力去拿掉多餘的每一盎司重量、設計出需要注意細節且複雜得令人費解的摺紙藝術般的結構，或者，在每個組件中加入四重冗餘（quadruple redundancy）。你將可以承擔風險，並進行反覆迭代。你可以拋開使用嶄新無塵室的這些條件，然後改在普通的工廠裡面打造和組裝組件。畢竟，如果星系中的某一顆衛星因為一粒塵埃而發生故障，它也只是眾多衛星中的其中一顆而已。甚至如果你想要，也可以在軌道上進行整套衛星的製造流程，並定期發射原物料以維持此流程的運作。這樣，你將永遠不會耗盡衛星。

　　星艦將讓我們的經濟發生深遠的轉變，但它的潛力不僅僅是像太空梭計畫那樣將貨物運送到軌道和返回而已。在第

2 章中，我們了解了北極星在數千年來如何幫助人類導航，而第一批計畫載人的星艦任務也很相稱地被稱為北極星計畫（Polaris）。SpaceX 甚至與 NASA 簽訂了載人登上月球的合約。星艦的登陸艇有一天可能會成為我們在月球表面的第一個永久基地，這套運載火箭甚至可能將第一批人類送到火星。

即將崛起的新興產業

過去十年來，幾乎所有對太空經濟的股權投資，都集中在衛星和發射領域。請見圖 10.1。然而，即使是 2 千 5 百億美元左右的一個百分點，仍然代表著超過 20 億美元。這些錢都去哪裡了？隨著星艦打破發射的限制，並消彌進入的門檻以及實驗上的障礙，資本的持續分配將會如何發生變化？

我們已經開始看到創辦人在籌集資金並打造聚焦於四個新興產業的企業：太空站、月球、物流和工業。根據我們的數據，在過去 10 年間，這些新興產業的投資已達到 27 億美元，且其中有41%的投資都是在 2021 年的僅僅這一年。最近，這樣的投資主要是由創投公司所推動，其中有許多公司都是首次投資這個類別。且大多數的投資階段也都是種子輪和 A

輪投資，這突顯了在這些新興領域的發展上，我們仍是處於
多麼早期的階段。

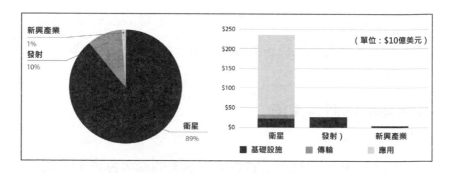

圖 10.1 2013 ～ 2022 年 以產業和技術層分類的太空經濟累計股權投資

新興產業的地理分佈也很值得注意。如同其他的市場類
別，美國仍是佔了投資的很大一部分，但日本也佔了總額的
三分之一。事實上，日本航太公司的全部股權投資之中，大
約有一半是流向了新興產業，這清楚指出日本的企業創辦人
希望在太空經濟領域的哪些地方發揮影響力。

雖然在太空經濟的整體創投動能不斷創下歷史新記錄，
但有大量的資本仍在追逐著以十年前發射的獵鷹 9 號為典範
的解決方案。預期星艦很快就會開始提供服務，而我們也將

邁向一個新的階段，投資者及創業家和各領域的專家都會需要認識到這一點。星艦將從根本上改變太空的經濟，進一步降低進入軌道的成本、促進新興產業發展，並淘汰現有的基礎設施。作為在這個類別的投資者，我們也正在尋找能夠實現這個新的現實的創辦人。

太空站

除了短途、次軌道飛行（suborbital flight）「太空旅遊」的利基潛力之外，投資者對於在地球軌道上打造永久性前哨基地的可能性，也越來越感興趣。

這類太空站的主要問題是費用。以國際太空站為例，建造成本預估為 1 千 5 百億美元，每年需要 30 至 40 億美元來進行維護。事實上，金氏世界紀錄（Guinness World Records）稱國際太空站是「最昂貴的人造物品」。在市場力量的影響下，民營的太空站可能會更便宜，但打造一座民營太空站獲得的成果是否值得花費如此巨額的成本？

迄今為止，針對商業太空棲地的構想已投入了數億美元。無論你的計劃是打造國際太空站的民營替代品，還是打造一

座低重力遊樂園，星艦都將使這些構想中的棲地，還未在軌道上實現前就變得過時了。如果萬豪酒店有一天想要把一家四星級旅館裝箱，並用發射載具送入太空，那他們就必須能夠在軌道上組裝這座旅館。這樣的話，為什麼不在地球上就將運載火箭的內部裝設提供豪華住宿的配備，然後發射的同時就開始營業呢？萬豪酒店甚至可以將第一批客人送上運載火箭的同時，在報到時一併讓他們入住房間。換句話說，星艦就可以作為太空站。

　　無論太空站最終是如何獲得投資與如何建設，也無論太空站最終將滿足哪些商業需求，未來幾十年將會有更多和太空站相關的活動，且不僅是和打造太空站有關，還會涉及為太空站提供物資和其他服務。

月球

　　我們將月球上和月球周圍的商業活動統稱為「月球（Lunar）」，包括月球軌道上的太空站、登陸器、探測車和位於月球表面的基地。當商業化的火星任務實現時，也會開始擴大月球的這個市場。

在阿波羅 17 號離開月球表面 50 年後，在月球這個特殊新興產業的活動，又再次活躍起來。NASA 的 2020 年預算請求將月球任務列為優先，同時也側重於 NASA 期望民營公司在實現 NASA 的目標上所扮演的角色。與催生 SpaceX 的商業軌道運輸服務計劃類似，NASA 的月球商業運載服務（Commercial Lunar Payload Services，CLPS）合約，使 NASA 能夠與商業公司合作進行 NASA 的月球活動。阿提米絲計畫（Artemis）包括一項使用 Astrobotic 的機器人偵查理想月球基地位置的前驅任務，接著，是使用星艦將人類運送到月球表面的載人登陸器任務。

在 NASA 改進後的月球任務重點中，民營部門是重要的任務組成。雖然阿提米絲計畫遇到了技術性問題和延誤，但毫無疑問，NASA 對月球的重視也刺激了商業月球活動和投入資金的增加，這對大量有野心的新創公司以及科技的進步都大有益處。

鑑於月球的低重力環境，月球可以作為深太空任務的發射台和燃料站。這將為企業和投資者創造各式各樣的其他機會。隨著民營公司為各類政府的月球活動與商業性的月球業務提供太空船、運載火箭、棲地、支援系統、基礎設施、通

訊和其他的諸多產品，在這個蓬勃發展的市場中，NASA 可能會變成只是民營公司的眾多客戶之一。

物流

物流是一門管理複雜事物的藝術。如果太空經濟中有一件事是可以肯定的，那就是需要管理的大量複雜事物是無庸置疑的。這個新興產業包括三個關鍵的作用：太空交通管理（space traffic management）、碎片減量（debris mitigation）和在軌服務（on-orbit servicing）。

無論是在地球上方還是在任何其他行星體的周圍，人們對於採用更好的方法來避免碰撞的需求抑或是協調軌道上活動的需求，都不斷在增加。當然，地球本身的軌道就已經很擁擠了。在 2010 年，有 74 顆衛星被發射到太空。10 年後，衛星產業協會（Satellite Industry Association）指出，衛星的數量已接近 1 千 2 百個（增加了 16 倍），衛星產業協會並預測此後衛星的數量將會快速增加。截至撰寫本書的此時，軌道上有超過 4 千顆活躍衛星，預計未來 10 年活躍衛星的數量將增加多達 10 萬顆。更糟的是，無論如何，從碎片的角度來看，

活動衛星都僅佔低地球軌道整體混亂情況的百分之一。報廢的衛星、多級火箭所丟棄的部分、碰撞產生的碎片、武器測試的殘骸，都讓低地球軌道變得非常擁擠且危險。

我們的投資組合公司 LeoLabs 握有關於太空交通和碎片的最完整數據。該公司是由史丹佛研究所衍生而出的公司，經營著一個觀察軌道的地面雷達網絡，目的是為了避開碎片和太空的交通控制。政府和民營公司都是依賴這些數據來執行太空領域感知。

為了清除碎片，一些新創公司提出以複雜且成本過高的方法來收集和清理報廢的衛星與廢棄的火箭級，並且以此籌集到了資金，然而，同樣地，這也是會因為星艦而改變成本算式的領域。當星艦可以在返回地面的途中收集垃圾時，誰還需要某一種聰明但複雜的方法來將物體從軌道上移除呢？畢竟，對星艦來說，這只需要很少的額外工作或邊際成本。

物流的最後一部分是在軌服務。如果我們期望所有這些奇妙的新服務都能維持穩定且可用，那麼在我們頭上快速成長的衛星世界，將會需要大量的維修工作並持續補充燃料。無論你多麼精簡，維護都和良性運作的基礎設施密不可分。而我們同樣也無法預測在星艦所開啟的未來，在軌服務會是

什麼樣子。

工業

　　將工廠移到軌道上時，就可以在某些製造流程上有獨特
的優勢，像是高真空和低重力等。如今，製藥公司正在國際
太空站上進行研發。用於特殊用途的超高品質光纖電纜也在
太空站進行生產。隨著發射成本下降，在軌道上製造如矽晶
片等其他產品，也可能更符合商業上的價值。還有其他令人
感興趣的可能性，例如 3D 列印的人體器官在沒有重力的情
況下，就不需要透過生物支架來保持其形狀。

　　將所有這些與從月球表面甚至是從經過的小行星開採資
源的可能性結合起來，可能性就會倍增。如果你要使用在太
空中開採的原物料建造在月球上使用的發電廠或通訊塔，那
麼將所有原物料帶回地球表面進行組裝，然後再將成品發射
到軌道上的作法是沒有道理的，對於在地球的重力條件下發
射根本不切實際的大型結構來說更是如此。

　　NASA 認為「原位資源利用（in situ resource utilization）」
會是未來探索任務的重點：「人類進入深空越遠，使用當地

的材料來生產產品也就越顯重要。」

　　外星採礦將會如何進行呢？在理論上，月球採礦應該是相對簡單的。玄武岩、鐵、石英和矽全部都存在於月球的表面，而可以被提取來建造永久性的結構以及作為其他用途。

　　讓一個機器人降落在某個小行星上，用機器人來收集少量的物質，並將其帶回地球的這項壯舉已經達成了。日本的宇宙航空研究開發機構（簡稱 JAXA）即成功完成了兩次這類的任務：隼鳥號（Hayabusa）和隼鳥 2 號（Hayabusa2）。2020 年，NASA 也成功實現了這項目標，將其 OSIRIS-REx 飛行器降落在小行星貝努（Bennu）上，在那裡的地表上收集了不到一公斤的物質。

　　一顆小行星上面就可能含有大量的地球缺乏的某項元素，或至少是在地球上不易取得的元素。有許多先進的電子產品，包括電動車和其他重要的綠色科技，都需使用越來越稀有的元素去製造。前往適合的外行星體的任務，可能可以提供等同於數年甚至數十年的某一種金屬稀土元素的供應，例如用於某些電動車引擎的釹或鏑，而能夠幫助我們實現雄心壯志的綠色科技目標。

　　要實現外星採礦和製造，還有許多工作需要完成。隨著

地球表面的稀土元素等關鍵資源耗盡，在地球以外進行採礦的經濟可行性也將會提升。而時間將會證明，我們會以多快的速度來達到這一點。

工業中的另一個長期的部門，是能源生產和儲存。與你家屋頂上裝的太陽能板的這類地面太陽能板相比，基於太空的太陽能發電具有許多優勢：光不會被大氣吸收、沒有雲層、沒有夜晚。到目前為止，這項技術的潛力一直受限於發射成本，但隨著這些成本下降以及對綠色能源的需求上升，這些數字也都指向越來越被看好的前景。全球各地也都正在發展基於太空的太陽能計畫。

確保以和平的方式進行貿易與合作

在 1959 年，聯合國大會成立了和平利用外太空委員會（Committee on the Peaceful Uses of Outer Space，COPUOS），隨後於 1967 年制定了《外太空條約》，這是一項由包括美國、中國和俄羅斯在內的一百多個國家所簽署的國際協議。

「1967 年的《外太空條約》顧及到和平共存這件事，」法國聯合太空司令部（French Joint Space Command）總指揮

米歇爾‧弗里德靈少將（Major General Michel Friedling）在最近的一次國際航太峰會上表示，「且在這幾十年來在東西方之間建立起橋樑。但對於那些掌握太空和知道如何使用太空服務的人來說，太空無論是現在和將來，都仍是經濟戰略和軍事優勢的關鍵因素。因此，地球上的緊張局勢也將會反映在太空中。」

在 1967 年簽訂條約的當時，太空對各個民族國家幾乎沒有太大的實際價值。在簽訂條約的 10 年前，史上第一顆衛星史普尼克 1 號（Sputnik 1）才剛進入軌道，但是現在的時間背景不同了。正如從 16 世紀延續到 19 世紀的航海時代，在當時，科技發展將地球的海洋轉變為貿易和征服的一個全球性舞台，不斷發展的太空經濟在提供新的機會的同時，也帶來了新的威脅。政府和民營組織攜手合作以預防衝突的方式，將會對我們所有的人都產生巨大的長期影響。

我們迫切需要能夠反映出當今太空經濟現實狀況且明智的政策、法律和條約。除此之外，我們別無他法能夠確保每個國家都能以和平的方式，來善加利用太空及其資源。值得慶幸的是，我們也無需從頭開始。我們的社會受益於龐大而健全的國際海事法，這些規範促進了全球貿易並鞏固世界和

平。儘管主要的領域不同，但這些普遍被接受的理念和先例，可以幫助立法者和政治家針對太空的獨特需求制定出一致性的集體應對措施。正確的規範，將可以保障各個公司和國家在可預見的未來，都能夠在地球軌道及更遠的地方，以和諧且可獲利的方式運作。

如前面所述，太空是全球經濟的無形支柱，對全球貿易具有根本上的重要性。因此，共同努力保護太空也符合每一個國家的利益。

「星際大戰」的未來

在第 3 章中，我提到了曾經兩度出任美國國防部長的唐納德・拉姆斯菲爾德和他臭名昭彰的「已知的未知」論點。拋開扭曲的言語不談，拉姆斯菲爾德在幾十年來對美國的太空政策造成了重要的影響。舉例來說，在傑拉德・福特（Gerald Ford）執政時擔任國防部長（Secretary of Defense）的拉姆斯菲爾德，推動了 NASA 和國防部之間的強化合作，天空實驗室計畫（Skylab）和太空梭計畫都可以追溯到拉姆斯菲爾德當時的這些努力。多年後，拉姆斯菲爾德在喬治・W・

布希總統領導下重返國防部長一職之前，先是擔任美國彈道飛彈威脅評估委員會（Commission to Assess the Ballistic Missile Threat to the United States）主席，隨後又擔任美國國家安全太空管理和組織評估委員會（Commission to Assess United States National Security Space Management and Organization）的主席。這些委員會的調查結果具有極大的影響力。

　　在委員會成立之前，比爾・柯林頓總統已重新定調，將美國的反飛彈研究改為抵禦戰場上使用的短程飛彈。被蘇聯遠程飛彈襲擊的可能性曾經無所不在，但是在那時，這似乎已經成為遙遠的記憶。在 1993 年美國慶祝冷戰結束的同時，投資數百億美元建造稱為「精明卵石（Brilliant Pebbles）」的彈道飛彈防禦系統，被立法者認定是一種危險的資源浪費，這套系統包括將數千枚熱追蹤飛彈配置到軌道上以擊落俄羅斯的洲際彈道飛彈。

　　在那個為期十年期間的最後一段時間，無論如何，遠程飛彈仍然威脅著美國大陸。中國和俄羅斯各別都可能在美國的領土上投放生物或核能乘載物，且這兩國都已朝著令人不安的新方向在發展。伊朗、北韓，甚至伊拉克則是也許在幾年後就能做到這一點。更糟的是，在這些飛彈之中的其中一

枚抵達美國之前，美國幾乎不會收到任何警告。這些委員會發現到，美國的情報單位低估了此類攻擊的可能性。如果美國不建立自己的彈道飛彈防禦系統，無論是採用戰略防禦計畫組織（Strategic Defense Information Organization，SDIO）風格的太空雷射或是其他技術，美國都面臨著可能發生「太空珍珠港」事件的可能性。

　　有許多專家都輕忽了這些發現，但隨後北韓和伊朗的火箭展示，讓美國情報界大吃一驚，並強化了美國忽視真正可能發生之事件的可能性。雖然美國仍然缺乏一套導彈防禦系統，但拉姆斯菲爾德的努力幫助推動了事情進展，最終發展而成太空軍。

　　時間會證明，有關彈道飛彈襲擊美國的任何警告，是否算得上先見之明。美國也可能有一天會以某種版本來重啟雷根政府所提出的「星際大戰」計畫。但導彈本身只代表了太空科技的進步如何改變這個龐大戰爭敘事中的一小段情節。

　　衛星對國家安全的關鍵重要性，現在是非常顯而易見的。在 2021 年 4 月，擔任美國太空司令部（U.S. Space Command）司令的美國上將詹姆斯·H·狄金森（James H. Dickinson）向參議院表示，太空領域感知是該司令部的第一

要務。

那年的 11 月，俄羅斯在入侵烏克蘭之前進行了一次成功的反衛星武器演習，表明自己握有摧毀極其關鍵的全球定位系統和地球觀測衛星的能力。果不其然，LeoLabs 比其他單位早了幾天提供有關俄羅斯反衛星實驗的準確數據，也早於美國政府本身。由於 LeoLabs 是目前唯一一家為低地球軌道提供大規模商業數據和服務的企業，它也代表了強化和補足現有國防的太空領域感知資產的獨特契機。

正如 LeoLabs 讓我們對天空有了空前的理解一樣，馬薩爾科技、行星實驗室和黑天科技也提供了來自上空的重要地球觀測數據。自俄軍入侵烏克蘭以來，這些公司就為當地發生的事情，奠定了真相的基礎。出乎意料的是，情報界面臨的挑戰並不是要收集足夠的地球觀測數據，而是要從商業衛星星系收到的大量資訊中，即時汲取出可做為行動參考的見解。這是我們的幾家投資組合公司都正在努力解決的另一個問題。

通訊在任何衝突中都扮演著關鍵的作用。透過與美國國際開發署（United States Agency for International Development，USAID）的公私合作，SpaceX 向烏克蘭交付了數千個星鏈終

端機，以確保烏克蘭人擁有彈性的通訊管道。俄羅斯偏好的策略是封鎖進出戰爭區的資訊，結果這個策略因此難以執行，這使得烏克蘭能夠對抗俄羅斯的宣傳，並能夠更好對抗資訊戰，同時，烏克蘭的士兵也仰賴星鏈提供的網路來協調行動。

美國政治新聞媒體《政客》（Politico）刊載的一篇文章，描述了一名烏克蘭士兵使用星鏈的經驗：「在計劃反擊或砲火攻擊時，星鏈的衛星接收器就藏在一座廢棄小屋的花園的一個淺坑裡，他透過這個矩形、灰白色相間的衛星接收器，撥打給上級確認最後一刻的命令。」

連接上星鏈，也不僅僅是為了保持軍事溝通的線路暢通。多虧 SpaceX 和美國政府，即使當地的手機網路癱瘓了，士兵的朋友和家人也可以透過星鏈了解他們的親屬是否安全。星鏈終端機的重要性，就如同西方包括從火箭發射器到彈藥的數十億美元傳統軍事援助，且星鏈終端機也是陷入困境的烏克蘭軍隊的重要「生命線」。

確保太空基礎設施的韌性

顯然，衛星在所有可預見的衝突中將有著決定性的作用。

但是衛星同時也非常脆弱而容易遭受破壞。在 2022 年 4 月，美國副總統賀錦麗（Kamala Harris）宣布，美國承諾將不再進行軌道反衛星武器的測試，而目前正在形成反對這項測試的國際聯盟。雖然俄羅斯很可能不會加入這樣的聯盟，但美國的承諾本身就代表著我們向前邁出了一大步。反衛星武器的測試不僅具有危險的挑釁意味，還會產生碎片雲，可能會損壞太空的基礎設施甚至是危及到人員。光是俄羅斯的反衛星武器測試，就創造了超過一千五百個可追蹤的物體。

　　撇開戲劇性不談，要破壞敵人對其資料的存取並不需要摧毀衛星。例如，來自每個全全球衛星導航系統的訊號，都很容易受到干擾。考量到衛星導航技術對戰爭的重要性，更不用說牽涉到我們的日常通勤，軍事和民用的導航需要有更多樣化且具備韌性的選項，這樣的需求已經變得理所當然。同時，全球定位系統只是商業性航太公司在國家安全方面需要解決的其中一項主要問題領域而已。威脅是無所不在的，這也代表著創新的組織眼前有著大量可以去解決的問題。

　　「中國正在迅速建立軍事的太空能力，包括感測和通訊系統，以及許多反衛星武器，」美國太空司令部司令迪金森將軍對參議院和眾議院軍事委員會（House Armed Services

Committees）表示。「與此同時，中國仍繼續持反對太空武器化的公開立場。」

衛星並不是唯一受到威脅的基礎設施。作為對西方制裁的回應，時任俄羅斯航太局的局長曾威脅要終止在國際太空站上 20 年來的合作關係。他說，如果缺少了俄羅斯的部分，國際太空站將失去軌道並墜毀在美國或歐洲。（幸好 SpaceX 表示其天龍號貨運太空船可以防止這種狀況發生。）

自唐納德・拉姆斯菲爾德的時代以來，軍隊的傳統思維方式已經發生了很大的變化。美國太空軍以一種大範圍的角度，藉由比傳統的系統部署更快且更具成本效益的商業性太空能力，為美國的海上、空中和地面部隊提供太空能力。俄羅斯和烏克蘭的衝突只是加速了正在進行中的創新，而太空經濟的戰略價值和重要性也只會持續成長。

利用太空科技來適應不斷變化的氣候

無論你有多認同氣候變遷是由人為造成的，氣候變化本身毫無疑問是真實的。政府、企業和科學界面臨的重要問題是：我們能針對氣候變遷做些什麼？更具體地說，氣候變遷

將如何發展？主要造成氣候變遷的因素是什麼？哪些活動可能會減緩或減輕這種變化對我們生活方式造成的影響？

只有太空技術才能提供解決這些問題所需的資訊。這就是洛莉・加弗創立 Earthrise 的原因，我們在第 6 章中第一次介紹到洛莉・加弗，而 Earthrise 是一個致力於利用衛星數據來協助應對氣候變遷的慈善組織。

加弗告訴我：「我在航太領域 35 年的職業生涯都不是關於火箭，而是關於太空能為我們這個社會提供什麼。太空能為人類做些什麼？去到太空的其中一項首要優勢，是太空人總是會帶回來這個觀點：『我們生活在一個非常脆弱的星球上。』現在，由於我們已經能夠降低往返太空、打造衛星、氣候數據建模和儲存大量數據的成本，對地球也因而有了更深入的了解。我很期待能夠更了解地球上正在發生的事情，並實際為後代的子孫做一些什麼。」

極端氣溫、乾旱、野火和破壞性天氣事件，每年都變得更加頻繁與嚴重。這些現象構成了真正的威脅。一項研究預測，如果不採取緩解氣候變遷的措施，到 2050 年時全球的經濟將損失 18% 的生產總值。與此同時，領先組織的客戶、競爭者、股東等利益關係者也對環境問題有所疑慮，這讓這些

組織也越來越受到鼓勵。在這些強力的誘因之下，為了更完善了解與企業資產、營運和供應鏈相關的氣候風險，大型的企業都正在擬定雄心壯志的目標。

例如，微軟即承諾在 2030 年實現負碳排：「這代表著將我們的溫室氣體排放量減量一半以上，然後消除其餘的排放量，並到 2050 年時消除相當於我們歷史排放量的排放量。」同時，包括富達國際（Fidelity International）和瑞銀資產管理（UBS Asset Management）在內的 30 家大型資產管理公司，都在 2020 年宣布其目標是「到 2050 年時在其投資組合中實現淨零碳排放」。由於這些公司旗下管理著總計 9 兆美元的資產，這項決定預計將在未來幾十年產生巨大的影響。

鑑於這項挑戰的重要性，適應氣候的變遷會是我們作為一個社會的政府、企業和個人都必須共同努力的事情。而在這場對抗中，太空經濟始終都扮演著重大的角色。如果沒有衛星數據，我們甚至不會知道氣候變遷已是全球趨勢。氣候科學家也一致認為，在前進的這條路上，就收集引導政策所需的資訊而言，衛星是迄今為止最佳的方法。在我們採取應對氣候的方法時，關鍵的氣候變量有一半以上都只能從太空中進行測量。

　　從太空競賽開始以來，衛星就在了解地球的氣候變遷方面發揮了關鍵的作用。在 1958 年 3 月，美國發射了先鋒 1 號（Vanguard 1），這是第一顆進行高層大氣密度測量的衛星。隨後的大地衛星（Landsat）衛星星系，始於 1972 年發射的大地衛星 1 號（Landsat 1），即提供了最長時間持續性取得太空對地面遙測的資料。半個多世紀後，大地衛星的資料仍供農業、林業、地圖、地質、水文學、沿岸資源和環境監測等廣泛的應用所使用。

　　大地衛星和其他近期的計畫，還只是太空在我們對抗氣候變遷時提供幫助的開始而已。隨著發射服務、衛星組件和雲端運算商品化，降低了創業家進入的門檻，有一波新的公司正在進入這個領域。本書前面已經介紹過其中一些公司，像是 GHGSat、Muon Space 和 MethaneSAT，就可以幫助組織監控和管理排放量。舊金山的 Pachama 公司正在建立一個森林的碳市場，利用機器學習和衛星影像來量化森林所捕獲的碳。Regrow 則正在幫助農民確保食物鏈的韌性，同時將用水和肥料的使用最小化。這些，只是許多正在探索的有前景的方向的一小部分。

　　但是現今仍缺乏一套可獨立驗證的直接測量機制，這阻

礙了氣候市場的規模化。有意義的測量機制將創造出可擴大規模的市場。來自數千顆新型、日益複雜的地球觀測衛星的數據，將會湧入雲端，並由越來越聰明的人工智慧進行處理和解析，以滿足從包括農業到能源，再到運輸，以及到廢棄物的這些市場的特定需求。新的應用方式將幫助企業改善營運，並改善金融部門的價格外部性因素，例如排放和污染。

　　所有的這一串太空活動都引導出另一個問題：火箭本身又會造成多少污染？就排放量而言，發射所產生的排放量僅相當於航空業在大氣排放的排放量的一小部分。同時，火箭製造商也正在試驗更高效的引擎以及如甲烷等更乾淨的能源，在這之中，水會是主要的廢氣產物。事實上，發射產業對環境的最大影響，不是來自火箭排放的廢氣，而是來自火箭本身的製造和棄置。SpaceX 在這方面已經取得了很大的進展，透過獵鷹 9 號導入部分組件的可重複使用性。完全可重複使用且以甲烷為動力的星艦，預計將在大幅減少太空旅行排放上取得更大的進展。

　　我們才剛開始探索太空經濟在拯救地球方面的潛力，隨著衛星數據的基礎設施不斷發展，創業家無需自行開發硬體，就可以更專注於打造專門的應用來解決這一複雜現象所涵蓋

的許多面向。這就是氣候科技的股權融資在 2021 年創下新高的原因。我們預計這股趨勢將會持續下去，事實上，我們在應對氣候變遷方面看到了數兆美元的投資機會。

這個市場仍處於早期階段，但已經像是飛輪一樣開始轉動了。政府、商界和慈善界的倡議，結合在一起將有望拓展我們對地球的系統性了解，並讓我們得以不斷調整對未來的變化的預測。這些計劃的一致性目標，是確定一組普遍被認可的科學標記且可被獨立進行驗證，以建立一個透明化且負責任的全球氣候市場。氣候變遷帶來的挑戰需要以整體性的觀點去看待，而太空科技將成為這個新的氣候市場的關鍵要素。

該拯救這個世界，還是逃離這個世界？

太空經濟喚起了我們對未來的反烏托邦和烏托邦願景。許多人將太空視為我們的救贖，但對於太空將如何拯救我們，卻沒有什麼共識。我們能否藉由利用地球觀測衛星來找出洩漏的甲烷以拯救我們的氣候，並且進而拯救我們自己？還是我們的長期計畫，是像伊隆‧馬斯克期望的那樣，透過移居

遍佈在太陽系中,來逃離這顆注定要滅亡的行星?幸運的是,我們不必選擇,可以同時考慮這兩個選項。

　　氣候變遷和戰爭並不是我們面臨的唯二威脅。還記得那些恐龍嗎?正如馬斯克很早就指出,我們的選項是殖民其他的行星,或是將所有的雞蛋放在同一個籃子裡。有許多看似合理的世界末日場景,包括從超級火山到大規模太陽閃焰,從統計數據來看,在短期內都不太可能發生,但在足夠長的時間範圍內,卻是實際上無法避免的。

　　觀察地球大氣層的保護品質很容易,只要看看我們的地球表面和月球坑坑疤疤的表面之間的差異,就知道答案了。也就是說,太陽系中存在著大量大小足以穿透我們的大氣層,並在著陸時造成毀滅性影響的小行星。根據《紐約時報》的報導,科學家估計在近地小行星(near-Earth asteroids)中,有 2 千 5 百顆的大小都足以構成重大的威脅,而其中有 60% 尚未被發現。由於這些岩石之中的任何一塊都會以至少「數億噸三硝基甲苯(TNT)」的力量撞擊地球表面,因此能夠以新的方法找出即將到來的小行星,將有助於 NASA 進行所謂的「行星防禦(行星實驗室 ary defense)」。

　　為了應對這項威脅,身為物理學家、前 NASA 太空人,

以及 LeoLabs 共同創辦人兼策略計畫副總裁的盧傑博士（Dr. Ed Lu）推動成立了 B612 基金會（B612 Foundation），這是一個非營利組織，利用數據分析來找出大型且朝地球而來的小行星，並在足夠的年限時間提前警告，讓人類有可能去轉移它們的方向。B612 原本的計劃是自行負擔資金並建造自己的太空望遠鏡，當結果證明這在財務上是有困難的時候，這個組織改採用了一種在 20 年前無法想像的演算法方法。最近，B612 宣布，透過針對國家光學紅外線天文學研究實驗室（National Optical-Infrared Astronomy Research Laboratory）檔案中的現有圖像進行運算分析，發現了上百顆新的小行星。

透過從國家的檔案釋放出大量的資料數據，並讓它們更適合民用和學術用途，才能讓諸如透過分析現有的望遠鏡影像來使用演算法定位小行星變得可行。盧博士和 B612 的努力，不僅得到了圖像資料的幫助，還得到了處理所有這些資料所需的運算能力的幫助，在本例中，是 Google 為這項目標做出了貢獻。由於僅透過分析一小部分的可用影像資料就發現了新的小行星，因此 B612 估計在不捕獲任何額外影像的情況下，即可找到數以萬計的小行星。在這些岩石之中，可能沒有一塊會朝著地球而來，但如果其中有某一塊岩石確實飛

向了地球，我們對於能夠提前收到警示將會心存感激。

　　如果收到這樣的警示，我們該怎麼辦？為了測試一種行星防禦的方法，NASA 進行了雙小行星改道測試（Double Asteroid Redirection Test，DART），「這是有史以來第一次透過動力衝擊器來讓小行星偏移的太空演習任務。」在 2022 年 9 月 26 日，由 SpaceX 獵鷹 9 號於 2021 年 11 月發射的雙小行星改道測試太空船，以巨大的力量成功撞擊了一顆遙遠的小行星，這是一顆不可能撞擊地球的小行星。事實上，雙小行星改道測試讓這顆小行星的軌道偏移了科學家所預期的 3 倍。

　　「如果發現了某顆威脅地球的小行星，並且我們可以在夠遠的距離就觀察到它，那就可以使用這項技術來讓它偏移。」NASA 署長比爾·尼爾森（Bill Nelson）告訴《紐約時報》。

　　最後，人類在月球甚至火星上永遠定居的願景，是可行的嗎？這不僅是可能的，而且從整個太空經濟中關鍵的計畫的進展來看，是很有可能發生的。作為一個物種，我們很快就會踏上前往月球甚至是更遠領域的旅程，我們這個物種的分散程度，會變得如此之廣，以至於任何災禍都不會同時威脅到所有的人。同時，對於創業家、投資者和志向遠大的專

業人士來說，現在有著令人興奮和收穫豐厚的機會，得以來改善這個星球上的生活，並且，確保我們這一個物種能夠生存下去。

結論

在 2012 年時,我決定創辦一家主要以在太空經濟投資為主的公司。那一年,在成功第一次為客戶進行發射後不久,SpaceX 首次飛往了國際太空站。成立太空資本的時機,對我來說似乎是顯而易見的,甚至對我的朋友和家人來說也是如此。

在站穩基礎後,太空資本於 2015 年推出了第一支基金。在 2017 年,經過多年來收集太空經濟的新創公司和投資趨勢的資訊後,太空資本開始在我們的《太空投資季刊》(*Space Investment Quarterly*)上發表我們的觀點。當太空資本第一次公開分享針對太空經濟的看法時,太空經濟仍是一個相對未知的現象,即使在商業界也是如此,但是太空資本的文章產出立即就獲得了認可:人們有興趣看到更多這類的資訊。

除了我們每一季的報告之外,我們還發表了幾篇主題式論文:「全球定位系統手冊」、「地理空間情報手冊」、「衛星通訊手冊」、「氣候的絕妙機會」等。儘管這一切都需要

投入大量的工作，但我們也很渴望分享這些文章，並對熱情的觀眾心存感謝。從一開始進行資訊分享的行動時，我們就清楚看到，基於事實且經過仔細檢視的觀點，在破除迷思、炒作和完全錯誤的訊息方面，是多麼地有效。陽光就是最好的消毒劑。

　　我寫這本書的目標，是將太空資本在研究出版物上所做的成果，以及在大眾教育方面的其他努力，發揮到一個新的水平，將太空資本對太空經濟及其潛力的所有最佳思考都結合在一起，然後整合成同一個資訊來源。

　　最終，我希望這本書能讓你相信，這個非凡的現象對這個世代來說有著千載難逢的重要性，同時也消除圍繞著這個主題不斷出現的有害迷思。任何熱門的新市場，本質上都會吸引那些不理性的狂熱者、懷疑論者和江湖郎中。如果我提出了一套合理且基於實證的中立觀點，而能夠經得起業界資深人士和其他真正專家的檢視，也只是因為我獲得優秀的同事和本書的許多貢獻者的幫助。

　　太空經濟能讓人賺錢嗎？絕對可以。SpaceX、Skybox 和其他公司都已經為創辦人、員工和投資者創造了有意義的投資報酬率，而我們仍處於太空經濟的早期階段。如果我們不

是堅信太空經濟的潛力，以及由此產生的無數前所未見的改變世界的產品、服務和其他機會，我們永遠不會聚集在一起並創立太空資本。無論你是一位投資者、企業家還是抱負遠大的專業人士，你都理應參與這股成長的趨勢。

話雖如此，我最感興趣的，是讓你相信投入這個領域可以帶來的潛在影響力。這個領域現在還在發展的早期，但也不是早到會讓可能性受限的程度。這個類別正在呈指數級成長，這代表著機會比比皆是。在過去 10 年，投資者已向 1,700 家航太公司投資了 2 千 6 百億美元，在 6 個太空經濟的產業中，以及在基礎設施、傳輸和應用三個技術層之中，野心勃勃的創辦人都在尋求產品與市場的契合點。截至撰寫至此的現在，志向遠大的專業人士可以在我們的 Space Talent 招聘平台上，從多達 700 家公司的 3 萬個職位中進行選擇，職位的範圍從工程，到行銷，到 IT，再到設計。

除此之外，太空經濟也為每一個人提供了罕見的機會，讓我們可以對我們的世界帶來特別重大的正面影響。在你已經知道全球資訊網將會發展成什麼樣子，以及所有事情的好壞之後，如果有人讓你回到 1995 年，你會怎麼做？你會如何運用你的智慧、才能、經驗和專業知識，來幫助引導這個新

興的現象朝更好的方向發展？

阿基米德（Archimedes）說：「給我一根夠長的槓桿和一個放槓桿的支點，我就能抬起地球。」我相信太空經濟就是這樣的一個支點，在這個支點上，任何人都可以為全人類取得非凡的成果。你如何利用這個機會，仍是取決於你自己，但請把這本書視為是吹響了號召你去抓住這個機會的號角。

致謝

　　在寫一本書時，需要投入自己大量的心力，但如果沒有許多傑出且有成就的人士慷慨提供幫助，內容如此大規模的著作就不可能完成。

　　首先，衷心感謝我在太空資本令人尊敬的同事們，他們為我目前對不斷發展的太空經濟的理解，和我們超前的投資假設，做出了巨大的貢獻：Tom Ingersoll、Justus Kilian、Paula-Kaye Richards 和 Jia Cheng Yu，以及構成我們營運合夥人團隊的世界級專家：Aaron Zeeb、Jonny Dyer、Dirk Robinson 和 Tom Whayne。我很榮幸，能夠與如此出色的夥伴們共事。

　　特別感謝這些投資組合公司的創辦人，撥出他們珍貴的時間，以及分享他們身處創新最前線的寶貴觀點：Dan Ceperley、Lucy Hoag、Sid Jha、Nathan Kundtz、Dan McCleese、Robbie Schingler、James Slifierz 和 Anastasia Volkova。

　　接下來，我要感謝我在牛津大學的教授馬克・文特雷斯

卡，他教了我用於理解新興市場如何發展的框架，讓我早在
2012 年時就認識到 SpaceX 的重要性，及意識到 SpaceX 與其
他新興市場催化劑的相似之處，並讓我能夠在這個市場的機
會變得顯著之前，就先把握時機追尋這個市場的機會。

感謝許多重要的產業領袖，他們慷慨地投入了時間，
幫助我準確地描繪出催生太空新創時代來臨的結構性變化和
關鍵里程碑：Mike Griffin、Scott Pace、Peter Marquez 與 Lori
Garver。

感謝大衛・莫道爾（David Moldawer）的幫助，他和我的
爭辯幫助了我將想法整理成書。此外，還要感謝 Wiley 的世
界級出版團隊：Jess Filippo、Debbie Schindlar 以及 Cape Cod
Compositors 的團隊。還要感謝澳洲雪梨的 Ethical Design 為本
書的英文版封面所做的出色設計。最重要的是，我要感謝我
的編輯 Richard Narramore，是他首先來找我詢問寫這本書的
事情。（Richard，這真是個好主意！）

最後，也是第一優先的是，我要向我的妻子 Radhika 表
達衷心的感謝，感謝她在寫作的過程中給予我的愛與支持。

高寶書版集團
gobooks.com.tw

RI 383

太空投資：低軌道衛星引爆全球商機，跟緊 SpaceX 腳步，搶先布局下一個兆美元產業

The Space Economy: Capitalize on the Greatest Business Opportunity of Our Lifetime

作　　　者	查德‧安德森（Chad Anderson）
譯　　　者	曾琳之
主　　　編	吳珮旻
編　　　輯	鄭淇丰
封面設計	林政嘉
內頁排版	賴姵均
企　　　劃	鍾惠鈞
版　　　權	劉昱昕

發 行 人	朱凱蕾
出　　　版	英屬維京群島商高寶國際有限公司台灣分公司
	Global Group Holdings, Ltd.
地　　　址	台北市內湖區洲子街 88 號 3 樓
網　　　址	gobooks.com.tw
電　　　話	（02）27992788
電　　　郵	readers@gobooks.com.tw（讀者服務部）
傳　　　真	出版部（02）27990909　行銷部（02）27993088
郵政劃撥	19394552
戶　　　名	英屬維京群島商高寶國際有限公司台灣分公司
發　　　行	英屬維京群島商高寶國際有限公司台灣分公司
法律顧問	永然聯合法律事務所
初版日期	2024 年 03 月

國家圖書館出版品預行編目（CIP）資料

太空投資：低軌道衛星引爆全球商機，跟緊 SpaceX 腳步，搶先布局下一個兆美元產業 / 查德．安德森（Chad Anderson）著；曾琳之譯. -- 初版. -- 臺北市：英屬維京群島商高寶國際有限公司臺灣分公司，2024.03
　　面；　　　公分.--（致富館；RI 383）

譯自：The space economy : capitalize on the greatest business opportunity of our lifetime

ISBN 978-986-506-937-7（平裝）

1.CST: 航太業　2.CST: 產業發展　3.CST: 投資

484.4　　　　　　　　　　　　113002390